U0309336

左云县耕地地力评价与利用

刘　宝　主编

中国农业出版社

内容简介

本书全面系统地介绍了山西省左云县耕地地力评价与利用的方法及内容。首次对左云县耕地资源历史、现状及问题进行了分析、探讨，并引用大量调查分析数据对左云县耕地地力、中低产田地力和果园状况等做了深入细致的分析。揭示了左云县耕地资源的本质及目前存在的问题，提出了耕地资源合理改良利用意见，为各级农业科技工作者、各级农业决策者制订农业发展规划，调整农业产业结构，加快绿色、无公害农产品基地建设步伐，保证粮食生产安全，科学施肥，退耕还林还草，进行节水农业、生态农业以及农业现代化、信息化建设提供了科学依据。

本书共七章。第一章：自然与农业生产概况；第二章：耕地地力调查与质量评价的内容和方法；第三章：耕地土壤属性；第四章：耕地地力评价；第五章：耕地地力评价与测土配方施肥；第六章：中低产田类型分布及改良利用；第七章：耕地地力评价应用研究。

本书适宜农业、土肥科技工作者以及从事农业技术推广与农业生产管理的人员阅读。

编写人员名单

主　　编：刘　宝

副 主 编：孙　敏　常兴亚　冀永业

编写人员（按姓名笔画排序）：

王永胜　王慧杰　石文廷　付成权　冯建权

兰晓庆　李晓飞　杨新莲　辛荣贵　宋　发

张君伟　赵小凤　赵建明　赵雁峰　贺玉柱

聂秀姝　贾银莲　徐丽芳　常　军　常兴亚

康　宇　蔺淑梅　冀永业

农业是国民经济的基础，农业发展是国计民生的大事。“十分珍惜和合理利用每寸土地，切实保护耕地”是我们的基本国策。了解和摸清土壤资源，搞好耕地地力评价，是实现农业可持续发展，确保粮食安全的基础工作。为适应我国农业发展的需要，确保粮食安全和增强我国农产品竞争的能力，促进农业结构战略性调整和优质、高产、高效、生态农业的发展，针对当前我国耕地土壤存在的突出问题，2008 年在农业部精心组织和部署下，左云县成为测土配方施肥补贴项目县。根据《全国测土配方施肥技术规范》积极开展了测土配方施肥工作，同时认真实施了耕地地力调查与评价。在山西省土壤肥料工作站、山西农业大学资源环境学院、大同市土壤肥料工作站、左云县农业委员会广大科技人员的共同努力下，2010 年完成了左云县耕地地力调查与评价工作。通过耕地地力调查与评价工作的开展，摸清了左云县耕地地力状况，查清了影响当地农业生产持续发展的主要制约因素，建立了左云县耕地地力评价体系，提出了左云县耕地资源合理配置及耕地适宜性种植、科学施肥及土壤退化修复的意见和方法，初步构建了左云县耕地资源信息管理系统。这些成果为全面提高左云县农业生产水平，实现耕地质量计算机动态监控管理，适时为辖区内各个耕地基础管理单元土、水、肥、气、热状况及调节措施提供了基础数据平台和管理依据。同时，也为各级农业决策者制订农业发展规划，调整农业产业结构，加快无公害农产品、绿色食品和有机食品基地建设步伐，保证粮食生产安全以及促进农业现代化建设提供了第一手资料和最直接的科学依据，也为今后大面积开展耕地地力调查与评价工作，实施耕地综合生产能力建设，发展旱作节水农业、测土配方施肥及其他农业新技术普及工作提供了技术支撑。

《左云县耕地地力评价与利用》一书，系统地介绍了耕地资源评价的方法与内容，应用大量的调查分析资料，分析研究了左云县耕地资源的利用现状及问题，提出了合理利用的对策和建议。该书集理论性和实用性为一体，是一本值得推荐的实用技术读物。我相信，该书的出版将对左云县耕地的培肥和保养、耕地资源的合理配置、农业结构调整及提高农业综合生产能力将起到积极的促进作用。

王高勇

2014 年 1 月

前言

土壤是农业生产的基础，也是人类赖以生存的最基本的生产资料，是一切物质生产最基本的源泉。耕地是土壤的精华，是人们获取粮食及其他农产品所不可替代的生产资料，“十分珍惜和合理利用每寸土地，切实保护耕地”是我们的基本国策。因此摸清土壤资源，搞好耕地地力评价，是实现农业可持续发展，确保粮食安全的重要前提。自全国第二次土壤普查以来，随着农村管理体制改革和农业产业结构调整的不断推进，农业生产投入不断增加，耕地地力及环境质量状况发生了较大变化，如耕地数量锐减、土壤退化污染、次生盐渍化、水土流失等问题。针对这些问题，全面开展耕地地力调查和评价工作是非常及时和非常必要的，也是非常有意义的。特别是对耕地资源合理配置、农业结构调整、保证粮食生产安全、实现农业可持续发展有着非常重要的意义。为此2005年，国家农业部启动了全国范围的测土配方施肥补贴项目，并要求在此基础上完成耕地地力调查与评价工作。2008年，左云县开始实施测土配方施肥补贴项目，同时开展了左云县耕地地力调查与质量评价工作。

调查工作从2008年3月开始，在山西省、大同市土壤肥料工作站的指导下，到2010年年底已全部结束。整个工作分工作准备、资料收集、室内预研究、野外调查、样本采集、分析化验、评价体系建立、耕地资源信息管理系统建立等8个方面。完成了左云县9个乡（镇）228个行政村的58. 8万亩耕地的调查与评价任务，3年共采集土样4 600个，调查访问农户3 500户，认真填写了采样地块登记表和农户施肥调查表，完成了4 600个样品的常规化验、1 100个样品的中微量元素分析化验；完成了数据分析、收集和计算机录入工作；基本查清了左云县耕地地力、土壤养分、土壤障碍因素状况，划定了左云县农产品种植区域；建立了较为完善的、操作性较强的左云县耕地地力评价体系，并充分应用GIS、GPS技术初步构筑了左云县耕地资源信息管理系统；提出了左云县耕地保护、地力培肥、耕地适宜种植、科学施肥及土壤退化修复办法等；形成了具有生产指导意义的多幅数字化成果图。收集资料之广泛、调查数据之系统、内容之全面是前所未有的。这些成果为全面提高农业工作的管理水平，实现耕地质量计算机动态监控管理，适时为辖区内各个耕地基础管理单元土、水、肥、气、热状况及调节措施提供了基础数据平台和管理依据。同时，也为各级农业决策者制订农业发展规划，调整农业产业结构，建设无公害农产品基地、保证粮食生产安全，进行耕地资源合理改良利用、科学施肥等提供了第一手资料和最直接的依据。

为了将调查与评价成果尽快应用于农业生产，在全面总结左云县耕地地力评价成果的基础上，引用大量成果应用实例、第二次土壤普查和土地详查有关资料，编写了《左云县耕地地力评价与利用》一书。比较全面系统地阐述了左云县耕地资源类型、分布、地力与质量基础、利用状况、障碍因素、改善措施等，并将近年来农业推广工作中的大量成果资料录入其中，从而增加了该书的可读性。

在本书编写过程中，曾蒙山西省土壤肥料工作站、大同市土壤肥料工作站、山西农业大学资源环境学院等单位的具体指导和大力支持，左云县国土局、左云县水利局、左云县气象局、左云县统计局提供了大量的宝贵资料，特别是左云县农业委员会的工作人员在土样采集、农户调查、田间试验、数据库建设等方面做了大量的工作，付出了辛勤的劳动，在此一并表示感谢。

但由于水平有限，书中错误和不妥之处在所难免，希望在今后参考中甄别应用并提出宝贵建议。

编　者

2014 年 1 月

目录

序
前言

第一章　自然与农业生产概况 …………………………………… 1
第一节　自然与农村经济概况 …………………………………… 1
一、历史沿革 …………………………………… 1
二、地理位置与行政区划 …………………………………… 1
三、土地资源概况 …………………………………… 2
四、地形地貌与土壤类型 …………………………………… 3
五、气候、植被与水文地质 …………………………………… 3
六、农村经济概况 …………………………………… 7
第二节　农业生产概况 …………………………………… 7
一、农业发展历史 …………………………………… 7
二、农业发展现状与问题 …………………………………… 8
第三节　耕地利用与保养管理 …………………………………… 9
一、主要耕作方式及影响 …………………………………… 9
二、耕地利用现状，生产管理及效益 …………………………………… 10
三、施肥现状与耕地养分演变 …………………………………… 10
四、耕地利用与保养管理简要回顾 …………………………………… 11

第二章　耕地地力调查与质量评价的内容和方法 …………………………………… 12
第一节　工作准备 …………………………………… 12
一、组织准备 …………………………………… 12
二、物质准备 …………………………………… 12
三、技术准备 …………………………………… 13
四、资料准备 …………………………………… 13
第二节　室内预研究 …………………………………… 13
一、确定采样点位 …………………………………… 13

二、确定采样方法 …… 14
三、确定调查内容 …… 14
四、确定分析项目和方法 …… 15
五、确定技术路线 …… 15
第三节　野外调查及质量控制 …… 16
一、调查方法 …… 16
二、调查内容 …… 16
三、采样数量 …… 18
四、采样控制 …… 18
第四节　样品分析及质量控制 …… 18
一、分析项目及方法 …… 18
二、分析测试质量控制 …… 19
第五节　评价依据、方法及评价标准体系的建立 …… 23
一、评价原则依据 …… 23
二、评价方法及流程 …… 24
三、评价标准体系建立 …… 26
第六节　耕地资源管理信息系统建立 …… 29
一、耕地资源管理信息系统的总体设计 …… 29
二、资料收集与整理 …… 31
三、属性数据库建立 …… 32
四、空间数据库建立 …… 36
五、空间数据库与属性数据库的连接 …… 39

第三章　耕地土壤属性 …… 40
第一节　耕地土壤类型 …… 40
一、土壤类型及分布 …… 40
二、土壤类型特征及主要生产性能 …… 41
第二节　有机质及大量元素 …… 54
一、含量与分布 …… 54
二、分级论述 …… 61
第三节　中量元素（有效硫） …… 63
一、含量与分布 …… 63
二、分级论述 …… 64
第四节　微量元素 …… 65
一、含量与分布 …… 65
二、分级论述 …… 72

第五节　其他理化性状 …… 74
一、土壤 pH …… 74
二、土壤容重 …… 75
三、耕层质地 …… 76
四、耕地土壤阳离子交换量 …… 77
五、土体构型 …… 77
六、土壤结构 …… 78
七、土壤孔隙状况 …… 79
八、土壤碱解氮、全磷和全钾状况 …… 80
第六节　耕地土壤属性综述与养分动态变化 …… 81
一、土壤养分现状分析 …… 81
二、土壤养分变化趋势分析 …… 84

第四章　耕地地力评价 …… 86
第一节　耕地地力分级 …… 86
一、面积统计 …… 86
二、地域分布 …… 86
第二节　耕地地力等级分布 …… 87
一、一级地 …… 87
二、二级地 …… 88
三、三级地 …… 89
四、四级地 …… 91
五、五级地 …… 92
六、六级地 …… 93

第五章　耕地地力评价与测土配方施肥 …… 95
第一节　测土配方施肥的原理与方法 …… 95
一、测土配方施肥的含义 …… 95
二、应用前景 …… 95
三、测土配方施肥的依据 …… 95
四、测土配方施肥确定施肥量的基本方法 …… 97
第二节　测土配方施肥项目技术内容和实施情况 …… 99
一、样品采集 …… 99
二、田间调查 …… 100
三、分析化验 …… 100
四、田间试验 …… 100

五、配方制定与校正试验 …… 101
六、配方肥加工与推广 …… 101
七、数据库建设与地力评价 …… 101
八、化验室建设与质量控制 …… 102
九、技术推广应用 …… 102
十、专家系统开发 …… 102
第三节　田间肥效试验及施肥指标体系建立 …… 103
一、测土配方施肥田间试验的目的 …… 103
二、测土配方施肥田间试验方案的设计 …… 103
三、测土配方施肥田间试验设计方案的实施 …… 104
四、田间试验实施情况 …… 105
五、初步建立了玉米测土配方施肥丰缺指标体系 …… 106
第四节　主要作物不同区域测土配方施肥技术 …… 108
一、玉米配方施肥总体方案 …… 109
二、无公害马铃薯生产操作规程与施肥方案 …… 111
三、莜麦测土配方施肥方案 …… 113

第六章　中低产田类型分布及改良利用 …… 114
第一节　中低产田类型、面积与分布 …… 114
一、干旱灌溉型 …… 114
二、瘠薄培肥型 …… 115
三、坡地梯改型 …… 115
四、沙化耕地型 …… 115
五、盐碱耕地型 …… 116
六、障碍层次型 …… 116
第二节　生产性能及存在的问题 …… 116
一、干旱灌溉型 …… 116
二、瘠薄培肥型 …… 117
三、坡地梯改型 …… 117
四、沙化耕地型 …… 117
五、盐碱耕地型 …… 118
六、障碍层次型 …… 118
第三节　中低产田的改良利用 …… 119
一、干旱灌溉型耕地改造技术 …… 120
二、瘠薄培肥型耕地改造技术 …… 120
三、坡地梯改型耕地改造技术 …… 121

四、沙化型耕地改造技术 …… 122
五、盐碱型耕地改造技术 …… 122
六、障碍层次型耕地改造技术 …… 124

第七章　耕地地力评价应用研究 …… 125
第一节　耕地资源合理配置研究 …… 125
一、耕地数量平衡与人口发展配置研究 …… 125
二、耕地地力与粮食生产能力分析 …… 125
三、耕地资源合理配置意见 …… 127
第二节　耕地地力建设与土壤改良利用对策 …… 127
一、耕地地力现状及特点 …… 127
二、存在主要问题及原因分析 …… 128
三、耕地培肥与改良利用对策 …… 129
四、成果应用与典型事例 …… 130
第三节　农业结构调整与适宜性种植 …… 131
一、农业结构调整的原则 …… 131
二、农业结构调整的依据 …… 131
三、土壤适宜性及主要限制因素分析 …… 132
四、种植业布局分区建议 …… 132
五、农业远景发展规划 …… 133
第四节　主要作物标准施肥系统的建立与无公害农产品生产对策研究 …… 134
一、养分状况与施肥现状 …… 134
二、存在问题及原因分析 …… 134
三、化肥施用区划 …… 135
四、无公害农产品生产与施肥 …… 137
五、不同作物的科学施肥标准 …… 138
第五节　耕地质量管理对策 …… 139
一、建立依法管理体制 …… 139
二、建立和完善耕地质量监测网络 …… 139
三、农业税费政策与耕地质量管理 …… 140
四、扩大无公害农产品生产规模 …… 141
五、加强农业综合技术培训 …… 141
第六节　耕地资源管理信息系统的应用 …… 142
一、领导决策依据 …… 142
二、动态资料更新 …… 142
三、耕地资源合理配置 …… 143

四、土、肥、水、热资源管理 …… 144
五、科学施肥体系与灌溉制度的建立 …… 145
六、信息发布与咨询 …… 146
第七节　左云县优质玉米耕地适宜性分析报告 …… 147
一、优质玉米生产条件的适宜性分析 …… 147
二、优质玉米生产技术要求 …… 147
第八节　左云县耕地质量状况与仁用杏标准化生产的对策研究 …… 149
第九节　左云县耕地质量状况与马铃薯标准化生产的对策研究 …… 149
一、马铃薯主产区耕地质量现状 …… 149
二、左云马铃薯标准化生产技术规程 …… 149
三、马铃薯主产区存在的问题 …… 153
四、马铃薯实施标准化生产的施肥 …… 153
第十节　莜麦的施肥方案 …… 154
一、莜麦的施肥配方 …… 154
二、莜麦的施肥方法 …… 154

第一章　自然与农业生产概况

第一节　自然与农村经济概况

一、历史沿革

左云县历史悠久，据国内史学界对境内出土石器考证，早在10万年前，已有人类在这块土地上繁衍生息。由于我国北方在历史上战争频繁，本土归属政区、城邑及人口也频繁更变，在商周时代属冀州北部地区。春秋时为北狄牧地，名白羊地。战国时属赵国，置武州塞。秦代属雁门郡。汉代始设县，改为武州县。晋永嘉四年（310年）归代国。北魏时隶桓州（今大同），为京都平城畿内之地。北周时地属北朔州。隋开皇元年（581年）统一中国后，改诸州为郡，地属马邑郡云内县。唐贞观十四年（640年）于故云内县置定襄县，兼云州治，地属云州定襄县。五代时属后唐，隶河东道。清泰三年（936年）叛将河东节度使石敬瑭将燕云16州割让契丹，地属辽。元朝属中书省河东山西道大同路。明永乐元年（1403年）置大同左卫。清雍正三年（1725年）九月，以北西路九堡并入，改称左云县。民国十六年（1927年）废道后，直属山西省。抗战时期，先后组建大怀左、左右凉、大丰凉左联合抗日县政府，隶晋绥边区第十一行政专员公署。1940年，联合县撤销，复左云县建制，属晋西区第十一专署。1945年9月，左云县解放，属晋绥五专署。1949年10月，划归察哈尔省雁北专署。1952年11月，察哈尔省撤销，属山西省雁北专区。1993年，雁北地区与大同市合并，左云县隶属于大同市。

1993—2001年，左云县设管家堡乡、鹊儿山镇、张家场乡、威鲁乡、陈家窑乡、汉圪塔乡、三屯乡、城关镇、马道头乡、小京庄乡、酸茨河乡、店湾镇、水窑乡、杨千堡乡共14个乡（镇）、276个行政村。2001年撤并为现在的9个乡（镇）、228个行政村。其中撤销威鲁乡，其行政区域并入管家堡乡；撤销陈家窑乡、汉圪塔乡，其行政区域并入三屯乡；撤销杨千堡乡，其行政区域并入张家场乡；撤销酸茨河乡，其行政区域并入小京庄乡；将原城关镇更名为云兴镇。

二、地理位置与行政区划

左云县位于山西省北部，外长城脚下，地理坐标为北纬39°44′～40°15′，东经112°34′～112°59′。北隔长城与内蒙古凉城县接壤，东邻大同、怀仁县，西与右玉县毗连，南抵山阴县，东西宽约34.5千米，南北长约53.5千米。109国道横贯东西紧联大同，0903公路纵穿南北连接大运公路，直通朔州市、太原市，呼大高速公路直经全县，交通十分便利。国土总面积为1 314.18千米^2。全县海拔为1 200～2 000米。

左云县隶属于大同市，全县6乡3镇228个行政村，8个居民委员会。县委、县政府驻地云兴镇，是全县政治、经济、文化的中心。2010 年末农户 65 848 户，全县总人口 14.9 万人，其中农业人口 10.75 万人，占总人口的 72.18%，见表 1-1。

表 1-1 左云县行政区划与人口情况（2010 年）

乡（镇）	总人口（人）	总户数（户）	村民委员会（个）	劳动力总数（万人）
云兴镇	58 731	29 990	31	6 575
店湾镇	11 362	4 079	25	6 228
鹊儿山镇	7 375	3 009	10	3 450
三屯乡	13 915	5 503	39	6 696
张家场乡	14 883	6 044	32	8 904
管家堡乡	12 110	4 834	21	5 682
小京庄乡	13 097	5 352	34	5 580
马道头乡	12 271	5 052	24	5 032
水窑乡	5 305	1 986	12	2 184
总　计	149 049	65 849	228	50 331

三、土地资源概况

左云县资源禀赋十分优越。一是矿产资源丰富，探明矿产资源有煤炭、高岭土、黏土、石灰岩、浮石等，尤以煤炭资源最为丰富，境内探明煤炭资源储量 174.5 亿吨，是全国优质动力煤基地县，境内赋存的高岭土、黏土、烟煤质活性炭原料煤三大矿产也是我国稀缺的高品位资源；二是土地十分广阔，全县天然牧坡和人工草地达 38 万亩①，成为经济建设特别是农牧业发展的巨大优势；三是森林资源丰富，全县林地面积 88.5 万亩，林木覆盖率达 45.03%，跨入全国造林绿化百佳县行列；四是历史悠久，旅游资源开发潜力巨大，左云县春秋时为北狄白羊族牧地，战国时是赵国的武州塞地，已有 2 200 年的历史。境内有明长城、东汉长城、北魏金陵围墙，多处古城堡、旧石器、新石器、古墓群和近代革命遗址等。

据统计，左云县国土总面积 1 314.13 千米^2（折合 197.12 万亩①）。其中，耕地面积 58.04 万亩，点总面积的 29.4%；林地面积 83.48 万亩，占总面积的 42.3%；牧草地面积 34.92 万亩，占总面积的 17.7%；水域用地 1.88 万亩，占总面积的 1.0%；工矿交通用地 12.96 万亩，占总面积的 6.6%；其他用地 5.84 万亩，占总面积的 3.0%。耕地中，水浇地 2.2 万亩，占总耕地面积的 3.79%；旱地面积 55.84 万亩，占总耕地面积的 96.21%；全县人均占有土地 13.22 亩，人均占有耕地 3.89 亩，农业人口人均耕地 5.39 亩。

① 亩为非法定计量单位，1 亩＝1/15 公顷。

四、地形地貌与土壤类型

左云县地处黄土高原北部，海拔为1 200～2 000米，山丘起伏，沟壑纵横，是典型的黄土丘陵地貌，基本地形为东南、西北部高，中部低，全县地貌分为四大类型区，其中石山区面积148.5千米^2，占总面积的11.3%；土石山区面积378.5千米^2，占总面积的28.8%；黄土丘陵区473.1千米^2，占总面积的36%；河川阶地面积314.1千米^2，占总面积的23.9%。

左云县土壤分布受地形地貌、水文地质、生物植被、气候、人为耕作活动等因素的影响，随着海拔高度的变化，由高到低呈现有规律的分布，形成多样的土壤类型。共划分三大土类（山地草甸土、栗褐土、潮土），5个亚类、12个土属、20个土种。山地草甸土分布于全县西北部的山顶缓坡平台处，海拔1 800～2 000米，基本都为林地和草地；栗褐土为左云的地带性土壤，分为栗褐土和淡栗褐土二大亚类，分布于海拔1 800米以下的各乡（镇）的山区、丘陵、洪积扇和二级阶块以及洪积平原区，总面积176.13万亩，占总面积的89.35%，是最主要的耕作土壤，耕地面积51.67万亩，约占全县总耕地面积的89.02%；潮土是全县较大的隐域性土壤，分为潮土和盐化潮土二大亚类，面积15.48万亩，占全县总土地面积的7.85%，耕地面积6.37万亩，约占全县总耕地面积的10.97%，分布于十里河、元子河、淤泥河等河流的一级阶地和高河漫滩上。

五、气候、植被与水文地质

（一）自然气候

左云县属北温带半干旱大陆性季风气候类型。由于受季风和西伯利亚、蒙古高原高压控制，冬季少雪寒冷，春季干旱多风，夏季较热多雨，秋季温凉气爽，降水高度集中，夏季主导风向东南，冬季主导风向西北的气候特征。

1. 气温　据近年气象记载，左云县年平均气温5.8℃，极端最低气温为－29.6℃，极端最高气温为38.1℃，最高与最低气温的年交差32.2℃，日交差13.0℃。年平均降水量408毫米，光能资源丰富，年平均日照时数2 796.3小时，全年太阳总辐射量为581.27～607.09焦耳/厘米^2，≥10℃有效积温2 395.9℃。平均地面温度8.1℃。封冻期一般在11月初至翌年4月初，130～145天。冻土深度平均为131.2厘米，最深达161厘米，最浅达101厘米。无霜期平均为113天。初霜期为9月16日，终霜期为5月20日。

2. 降水　左云县降水因受季风环流的影响，暖湿气团在逐渐向西北深入过程中，水分沿途消耗，成云致雨的可能性大有变化。所以，据气象部门统计，10年来平均降水量408毫米，年最多降水量588.4毫米，年最少降水量259.3毫米，但地区差异很大，一般随着海拔的升高，降水量增加、温度降低。所以，降水量山区多于丘陵，丘陵多于平川。因受副热带高压脊线北移影响，年降水量分布不均，一般冬春季稀少，夏秋季较多，50%的雨量集中在7月、8月、9月这3个月。春季降水量平均为60.9毫米，占年降水量的4.4%，夏季降水量为年平均268.3毫米，占年降水量的63%，秋季降水量年平均

86.7 毫米，占年降水量的 20.4%，冬季降水量为年平均 8.4 毫米，仅占年降水量的 2%。也就是说 60%的降水集中于夏季，此时温度也高，雨热同期，对作物生长十分有利，但春季降水偏少，而且春季常刮西北风，很容易造成土壤干旱，作物缺苗断垄，素有“十年九春旱”之称。

3. 湿度与蒸发 左云县绝对湿度每平方米年均水气压为 6 毫巴。相对湿度年均为 53%，最高湿度出在 8 月，为 71%，最低湿度出现在 5 月，为 37%，其他各月在 50%左右。年均蒸发量为 1 791.1 毫米，约等于年降水量的 4 倍多，最少蒸发量出现在 1 月，平均为 35.3 毫米，最大蒸发量出现在 5 月，平均为 300.4 毫米。由于蒸发量大于降水量，形成全县“十年九旱”的规律。据气象部门记载，从 1972—1990 年，19 年间有 5 个全年大旱，5 个春季大旱，3 个夏季大旱，5 个秋季大旱，有 8 年降水量小于年平均降水量，有 9 年等于或略高于年平均降水量，只有 2 年大于 600 毫米。

4. 日照 受太阳照射时间较长，强度大，日照资源丰富，全年累计日照时数为 2 978.8 小时，占全年日照时数的 67.3%，其中 5～6 月最多，有 619.1 小时，占全年日照时数的 14%，全年太阳辐射能量为 582～607 千焦/厘米^2。其生理辐射能量为 183 千焦/厘米^2，每亩折合 12.142 亿千焦。

5. 农业气象灾害 主要灾害有：

（1）干旱：这是影响左云县农业生产的主要气象灾害，年平均降水只有 408 毫米，已是种植业的最低标准，加上年际和年内分配不均，更加重了干旱的危害，特别是春季降水稀少，所以，左云县基本是十年九旱，干旱成为左云最大的自然灾害，粮食产量和年降水量的相关系数达到 0.75，北坡区受春旱威胁最为严重。

（2）风灾：大风是左云县的农业灾害之一，“一年一场风，从春刮到冬”，年平均风速为 3.3 米/秒，春季（3～5 月）风速最大，平均在 4.0～4.5 米/秒。大风吹走了肥沃的表土，吹走了土壤的墒情，甚至可以吹跑庄稼的幼苗，大风加重了干旱，干旱加重了大风的危害。春季的大风吹跑了农民的辛勤劳动，也吹跑了丰收的希望。

（3）霜冻：左云县无霜期只有 113 天，霜冻限制了左云县农作物的种植，多数只能种植生育期较短的杂粮低产作物，像玉米等高产作物种植的很少，而且只能选择生育期较短、产量稍低的小日期品种。

（4）洪涝：局部地区经常发生，十里河、淤泥河中下游两岸最为常见，涝灾多发生在县城以西低洼地带。

（5）冰雹：受境内地形复杂和北部丘陵区植被稀少影响，左云县每年发生冰雹的次数较多，强度大，对局部地区农作物危害严重。

（二）植被状况

不同的地形造就不同的气候和环境条件，形成不同的植物群落，其残留体分解所产生腐殖质的数量和种类也不尽相同，人为活动影响植被的种类和覆盖度，因而形成不同的土壤类型，全县属干旱干草原植被，可分为森林植被、草原植被两大类型。

1. 森林植被 左云县森林资源比较丰富，并以人工林居多，分布于 9 个乡（镇）、228 个行政村的山地丘陵和平川上，左云县森林覆盖率达到 32%。

（1）马道头、水窑乡和店湾镇的石山岖以及部分土石山区，以油松、樟子松和小叶杨为主，局部地区有乔灌木混杂林和零星榆树的分布；云兴、张家场、三屯堡、鹊儿山等乡（镇）的十里河两岸及平川和一级阶地区，以小叶杨、北京杨和小黑杨等杨树种为主，其次为分散的榆、柳等树种和一些天然的小片沙棘林丛等管家堡、陈家窑、汉圪塔、威鲁堡等乡村以油松、落叶松和柠条为主，部分地区有小片沙棘林丛。

（2）北部五路山区海拔为1 200～1 400米的农垦带及灌丛带以沙棘灌丛为主。海拔为1 250～1 600米的阔叶林带以小叶杨、新疆杨、北京杨和零星榆、柳树为主。海拔为1 500～2 000米的中山针叶林带多为针叶幼林，阳坡有小片山杨林和块状灌丛。海拔为2 000米以上的亚高山草甸带南坡以柔毛绣线菊、沙棘、柠条为主，北坡虎榛子、铁杆松、苔草和禾本科等植物组成低带草甸。

南部尖口山区海拔为1 200～1 400米的农垦带及灌丛带以沙棘、绣线菊、黄刺玫瑰等植被为主。海拔为1 300～1 800米的低中山针叶、阔叶林带以针叶幼林为主，也有成片的樟子松、油松、小叶杨，沟壑底部有山杨和沙棘丛。海拔为1 800米以上的亚高山灌丛带以黄刺玫、虎榛子、山毛桃、灰枸子植物为主。

2. 草原植被

（1）山地草原区：主要分布在三屯乡陈家窑和水窑乡，海拔为1 673～1 838米，约有13.2万亩，占全县草地面积的44%。植被为干草类型，耐旱、抗寒植物偏多，旱生和中生植物占优势。主要以针茅类早熟禾、苔草、蒿类和百里香为主，植物覆盖较好。

（2）混丛草类区：主要分布在小京庄和马道头等乡，海拔为1 508～1 835米，约7.3万亩，占全县草地面积的24.3%。植被为干草原类型和丘陵草原类型两种，耐寒、耐湿的植物偏多，主要以沙棘、荆条、豆科草和白毛草为主，植被覆盖较好。

（3）低湿草类区：主要分布在管家堡、张家场、三屯等乡以及十里河、七磨河、淤泥河等河床，海拔1 263～1 376米，约9.6万亩，占全县草地面积的31.7%。植被为平川草原类型和丘陵草原类型，耐湿耐盐碱性的植物偏多，主要有碱蓬、沙蓬、猪毛草、荆三陵、豆科草、芦苇草和百里香等。

（三）河流与水文状况

1. 河流　左云县的河流属黄河和海河两大水系，流域面积分别为103千米^{2}和1 236千米^2。黄河水系河流有陈家窑河和马营河，海河水系主要河流有十里河、元子河、大南河、大峪河、山井河、淤泥河。

（1）十里河：《水经注》称武州川水，《山西通志》称肖画河，后因下游大同城南一段称十里河，故将该河上下游统称十里河。是全县最主要的河流，汇阴山、洪涛山系大小支流20余条，横贯县境东西，流经5个乡（镇），在境内全长50千米，流域面积931千米^2。

（2）元子河：源于尖口山西麓马道头乡潘家窑沟和辛堡子村北的河谷，向西经郭家坪南折经坦坡村由马道头村西再入小京庄乡南红崖村，到小京庄村南折，经小堡子、李石匠村，于东古城村南汇大京庄村的南河湾入右玉界。全县境内长为26千米，为阶梯形河谷，流域面积为142千米^2。

（3）淤泥河：位于管家堡乡，源于内蒙古凉城县曹碾乡红石崖山南麓。一支在全县徐达窑村北入境，一支在黑土口村东北入境，于平川村南两支汇成一河出境。流域面积

35 千米^2。属季节性河流，雨季洪峰流量 450 米^3/秒，县境内长 9 千米。

全县多年平均河川径流量为 4 850 万米^3，地下水资源量为 4 226 万米^3，入境水量为 340 万米^3，扣除重复计算量 1 786 万米^3，水资源总量为 7 630 万米^3，年可利用量为 4 600 米^3。

2. 水文 县境内水资源由地表水和地下水两部分构成，平水年总量 9 076 万米^3，其中地表水占 53.4%；年可利用量为 4 600 米^3，其中地表水占 48%。因储量缺乏，分布不均，补给困难，形成缺水县，到 1990 年，有 6 个乡（镇）、70 多个村庄、3 万余人、7 000 多牲畜用水和农灌用水严重困难。

（1）地表水：境内地表水资源有河水和泉水两部分。平水年总量 4 850 万米^3，据雁北地区水资源评价，可利用量为 2 200 万米^3，人均 195 米^3。其较大河道 8 条，全部发源于县内，均为外流河，流域面积达 1 300 千米^2，全长 110.5 千米，虽流域面积覆盖大，但均为季节性河流，雨季洪水暴涨、急流，旱季大部分断流，利用率极低。河水主要分布于十里河、元子河两大流域。有自涌清泉 17 处，其中玉奎堡和县城南暖泉湾泉水涌水量较大。现状条件下地表水利用量 533.7 万米^3，占可利用量的 24.3%，人均 47.4 米^3。其中 1988 年，年取水量 114.8 万米^3，占利用量的 21.5%。

（2）地下水：据测，地下水资源 4 226 万米^3，其中元子河流域地下水资源模数为 4.09×10^{-3}，水资源量为 1 062.4 万米^3；十里河流域水资源模数为 7.94×10^{-4}，水资源量为 990 万米^3；其他丘陵、山区的水资源模数为 1.87×10^{-4}，水资源量为 2 173.6 万米^3。根据雁北地区水资源评价资料，全县地下水资源可利用量为 2 400 万米^3。

分布于十里河、元子河及其支流所形成的河谷及阶地，为河谷阶地平原孔隙水亚区，面积 100 千米^2，地下水储量 0.064 亿米^3，组成物质为黄色亚沙土和沙砾石层，沉积厚度为 5～15 米，为全县相对富水区。地下水的分布、流向与现代河床基本一致。含水层一般为 2～3 层，层厚 2～5 米，个别地区如小京庄达 15 米，含水埋深 0～2 米，水位埋深 1～3 米，含水补给除降水入渗外，主要为河水补给。其次为其他形式的潜水补给，一般河谷及一级阶地，单井涌水量为 18～54 米^3/小时，大口井最大涌水量达 100 米^3/小时；二级阶地涌水量一般小于 25 米^3/小时。其水质较好，是良好的人畜和灌溉用量。

现状条件下地下水利用量为 1 063 万米^3，占可利用量的 44.3%，人均 94.3 米^3。其中 1988 年年取水量为 881.8 万米^3，占利用量的 83%。全县多年平均河川径流量为 4 850 万米^3，地下水资源量为 4 226 万米^3，入境水量为 340 万米^3，扣除重复计算量 1 786 万米^3，水资源总量为 7 630 万米^3，年可利用量为 4 600 米^3。

（四）土壤母质

1. 残积物 是山地和丘陵地区的基岩经过风化淋溶残留在原地形成土壤，是左云县山区主要成土母质。其特点土层薄厚相差较大，由于母岩的种类不同，理化性状各异。左云县主要有石灰岩质、砂岩质、花岗片麻岩质、白云岩 4 种岩石风化残积母质，主要分布在西北部五路山和东南部尖口山区。

2. 洪积物 是山区或丘陵区因暴雨汇成山洪造成大片侵蚀地表，搬运到山麓坡脚的沉积物，往往谷口沉积砾石和粗沙物质，沉积层次不清，而较远的洪积扇边缘沉积的物质较细，或粗沙粒较多的黄土性物质，层次较明显，主要分布于各个边山峪口处的洪积扇和洪积平原上。

3. 黄土及黄土状物质　是第四纪晚期上更新统（Q_3）的沉积物，黄土母质、黄土状母质和红黄土母质是左云县的主要成土母质。

（1）黄土母质：为马兰黄土，以风积为主，颜色灰黄，质地均一，无层理，不含沙砾，以粉沙为主，碳酸盐含量较高，有小粒状的石灰性结核，主要分布于全县的低山区和黄土丘陵区。

（2）黄土状母质：为次生黄土，系黄土经流水侵蚀搬运后堆积而成，与黄土母质性质相近，主要分布于丘陵和一级、二级阶地上，涉及小京庄乡、张家场乡、三屯乡等乡（镇）。

（3）红黄土母质：颜色红黄，质地较细，常有棱块，棱柱状结构，碳酸盐含量较少，中性或微碱性，黄土丘陵区由于地质活动或重度侵蚀，红黄土出露地表，成为丘陵区的成土母质之一，和黄土母质交错分布。

4. 冲积物　是风化碎屑物质、黄土等经河流侵蚀、搬运和沉积而成。由于河水的分选，造成不同质地的沉积层理，一般粗细相间，在水平方向上，越近河床越粗，在垂直剖面上沙黏交替。主要分布于元子河、十里河、淤泥河的河漫滩和一级阶地。

六、农村经济概况

左云县农村经济发展大致经历了 3 个阶段。新中国成立初期农村实行土地改革，广大农民第一次拥有了自己的土地，大大促进了全县农村经济的发展和农民对土地的投入，3 年自然灾害时期，粮食产量达到最低，20 世纪 60 年代至十一届三中全会前，国家在农村实施“调整、巩固、充实、提高”的八字方针。此后，全县大力发展农田水利事业，大搞农田基本建设，农村经济得到稳步发展，中共十一届三中全会的召开，为农村经济吹响了发展的冲锋号角。随着农村家庭承包经营的实施和不断完善，农村经济改革的不断深入，以及农业产业结构调整和农村劳动力转移，农村经济得到了快速发展。由 1978 年人均收入平均在 70 元以下增加到 1979 年人均收入突破 100 元；到 1990 年，人均年收入达到1 007.29元，比 1955 年人均年收入 36 元增长 27 倍，比 1978 年 57 元增长 16.7 倍。以 1978 年前后相比，其前 24 年平均每年递增 1.2%，其后 12 年平均每年递增 21.3%。自 1979 年以来，农民收入增长幅度较大，生活水平逐渐得到提高；2004 年全县农村经济总收入达到 171 852 万元，农民人均纯收入 2 906 元；2010 年全县农村经济总收入达到 317 023万元，农民人均纯收入 5 426 元，同比增长 15.76%。

第二节　农业生产概况

一、农业发展历史

左云县的农业，在明朝以前一直处于农耕、畜牧交错发展的状态。由于人口迁徙无常，从未形成规模，自明朝以来，渐而形成以农为主、畜牧为辅的发展格局，至民国中期农业发展臻于兴盛，并促进了手工业、商业的发展。民国二十六年（1937 年）后，因日本侵略者的践踏，全县的农业经济受到严重摧残，仅民国三十二年和三十三年（1943—

1944年)，日军强购“瓦斤”粮(日军强行向农民以地征粮，“瓦斤”以千克计算)，致使农民缴不起“瓦斤”粮，背井离乡。全县出现土地荒芜40%的状况，民国三十六年(1947年)12月，左云南、北部解放区和争夺区开始土地改革运动，由于国民党军队占据县城和部分地域，土改运动未能全部展开，次年3月国民党军队撤退后，至民国三十八年(1949年)春，全县土地改革全部结束，彻底推翻了2 000多年封建地主在农村的经济势力，使农村土地占有发生了根本变化。占全县人口51.93%的贫雇农，由土改前人均4.6亩上升为12.9亩，因此，极大地提高了贫苦农民的生产积极性。

新中国成立后，在私有制社会主义改造中，经过1950年开始的互助组、1953年组织的农业生产初级社，土地由私有制逐渐向集体所有制过渡，到1956年全县实现农业生产高级社，99%的土地成为集体所有，土地所有制和农业生产形式又一次发生重大变革。1956年粮食总产2 005万千克，比1949年增长了68%。从1958—1962年，因政策上的极“左”路线和60年代初的自然灾害，使粮食生产大受挫折，1962年比1956年减产785.5万千克。之后，随着政策的调整，农田水利基本建设的重视，抗灾能力增强，农业产量不断上升。到1978年，16年平均产量比1962年增长了1 138.1万千克。同时林、牧、副业也得到发展，农业效益显著提高。1978年农业总产值、总收入分别是1949年的6倍、8倍。

1979年后，贯彻中共中央《关于加快农业发展若干问题的决定》，因地制宜，扬长避短，发挥煤炭资源丰富的优势，以工促农，农业生产逐步推行生产责任制，大大地解放了农村生产力，并加快了林、牧、副等业的发展步伐。到1982年粮油产量和农业总产值比1978年翻了一番多，农村人均纯收入翻了两番多，列入全国47个农业翻番县之一。全县人均粮食占有量首次突破千斤关，油料总产也创历史最高水平，人均75千克。1985年在农业遭灾减产的情况下，由于农村多种经营的大发展，农业总收入仍高达15 413万元，为1978年的12.5倍，农村人均纯收入达761.3元，为1978年的13.3倍，为新中国成立初期人均年收入的35倍多。到1990年人均纯收入达1 007.29元，全县植树造林面积达53.34万亩，森林覆盖率为25%。昔日吃粮靠返还，财政靠补贴的左云县，在20世纪80年代初终于摆脱了贫困，向富裕小康之路迈了第一步，农、林、牧、副全面发展是左云县农业唯一正确的发展方向。

二、农业发展现状与问题

左云县自然资源丰富、地理优势明显，是晋北的煤炭大县。山、川、坡兼备，光热资源丰富，但水资源较缺，土壤母质以黄土类母质为主，质地多为壤土，土层深厚，耕性良好，保水、保肥；雨热同季；光、热、气资源充足，能满足各种作物的生长需求，为农业的发展提供了较大的空间，优越的自然条件和地理环境给左云县农业生产带来了巨大的发展机会。

2010年，牛存栏11 879头、猪存栏65 299头、羊存栏239 502只，肉类产量6 350吨，奶类产量5 002吨，蛋产量2 014吨，全县农村经济总收入317 023万元，农民人均纯收入为5 426元。全年粮食总产29 042吨，油料总产1 962吨。县委、县政府在保证粮油种植的基础上，科学规划，搞好农业产业结构调整，加速农业支柱产业的发展，全县先后建立了大棚蔬菜生产基地、马铃薯生产基地、小杂粮生产基地、旱作农业示范区等，大大提高了种植业的单位面积收入。

由于受地域的限制，全县农机化处于下等发展水平，平川区机械化作业程度较高，耕地、播种、收获基本实现半机械化，在一定程度上减轻了劳动强度，提高了劳动效率。全县农机总动力为9.8万千瓦，其中大中型农用拖拉机243台，小型农用拖拉机728台，大中型机引农具277部，小型机引农具384部，机动脱粒机256台，农用排灌动力机械415台，农用载重车526辆。全县机耕面积20.8万亩，机播面积10.5万亩，机收面积0.8万亩，农用化肥实物量0.086 6万吨，农膜用量223吨，农药用量41吨。主要作物总产量统计表见表1-2。

全县有中型水库1座，小型水库3座，小型水利设施69处，固定渠道长度1 600千米，机电井525眼。

表1-2　主要作物总产量统计　　单位：万千克

年份	粮食	油料	蔬菜
2004	3 777.6	437.8	2 013.1
2005	3 109.4	421.6	1 713.8
2006	3 063.3	388.3	1 245.9
2007	1 961.0	256.0	4 661.9
2008	2 850.0	376.0	5 405.3
2009	2 000.6	219.1	4 111.6
2010	2 904.2	196.2	4 237.6

第三节　耕地利用与保养管理

一、主要耕作方式及影响

由于左云县地形差异，有效积温和无霜期山、川、坡区差异较大，因此在农作物结构和耕作制度上差别较大。元子河平川区以种植小杂粮、马铃薯、蔬菜为主，豆类、谷子、糜黍、高粱次之；北部丘陵区以种植糜黍、谷子、马铃薯、油料为主，玉米次之；南部高寒山区以马铃薯、莜麦、蚕豆、豌豆为主，胡麻、油菜籽次之。全县基本上是一年一熟制。左云县的农田耕作方式，主要有秋深耕和春耕。秋深耕在作物收获后土地封冻前进行，深度为20～25厘米，好处是便于接纳雨雪、晒垡，以利于打破犁底层，加厚活土层，同时还利于翻压杂草，破坏病虫越冬场所，降低病虫越冬基数。春耕一般在春播前结合灌溉、施肥、播种进行，采用旋耕，深度为15厘米左右，好处是便于旱作区抢墒播种，缺点是土地不能深耕，降低了活土层。中耕一般在夏季进行，2～3次，平川区以人工中耕和半机械化的耘锄为主，山区、坡区基本上使用人工中耕。

二、耕地利用现状，生产管理及效益

左云县种植作物主要有玉米、马铃薯、谷子、黍子、莜麦、豆类、油料、蔬菜等，是全省的小杂粮产区，耕作制度为一年一熟，露地蔬菜一年一作或一年二作，大棚和温室蔬菜可一年多作。

灌溉水源类型有河水、库水、井水和自流灌溉，灌溉方式以大水漫灌为主。菜田多为畦灌，大田作物一般年份浇水1～3次，平均灌水量60～80米^3/(亩·次)，平均费用20～30元/(亩·次)，生产管理上以机械作业为主，如耕、耙、种、覆膜等，机械费用以玉米为例，一般为50～60元/(亩·年)。一般年份，十里河两岸每季作物浇水2～3次，平均费用40元左右/(亩·次)；其他地区一般浇水1～2次，平均费用70～80元/(亩·次)。农户在生产管理上投入较高，平川区高产田亩投入为200～260元，山区和坡区亩投入相对较低，一般在150元左右。

据2010年统计部门资料，全县农作物总播种面积40.99万亩，粮食作物播种面积为32.07万亩，粮食总产量为2 904.19万千克，平均亩产91千克。其中玉米播种面积为2.4万亩，玉米总产量614.22万千克，各种豆类播种面积11.28万亩，总产量621.62万千克，马铃薯播种面积6.04万亩，总产量817.69万千克，经济作物播种面积0.21万亩，总产量329.19万千克，蔬菜0.23万亩，总产量423.76万千克，油料6.59万亩。总产量202.84万千克。

1. 玉米 随着种植业结构的调整，左云县种植玉米面积逐年加大，由2004年的0.9万亩增加到2010年的2.4万亩，几乎遍布全县的各个乡村，平川盆地、洪积扇中下部、丘陵山地的沟坝地、沟淤地等种植。全县平均亩产256千克（水地亩产300～400千克），亩收入364元，亩成本87元，亩纯收入277元。

2. 谷黍 谷黍是左云县最传统的作物，2004年全县播种面积5.07万亩，占到总播种面积的15.81%，主要分布在山地丘陵区的旱地上。平均亩产106千克，亩收入213.3元，亩成本52.5元，亩纯收入160.8元。

3. 豆类 豆类是全县分布较广的作物，2010年全县各种豆类播种面积11.28万亩，山地、丘陵、平川都有种植，以山丘区种植最广，主要分布在马道头、小京庄、三屯、张家场、管家堡等乡镇。豆类平均亩产55千克/亩，亩收入216元，亩成本46元，亩纯收入170元。

4. 马铃薯 2010年，左云县种植面积6.04万亩，主要分布在马道头、小京庄、三屯、张家场、管家堡等乡（镇），山地、丘陵、平川都有种植，以山丘区种植最广。平均亩产1 300千克，亩收入981元，亩成本135元，亩纯收入846元。

三、施肥现状与耕地养分演变

左云县大田施肥情况是农家肥施用呈上升趋势，过去农村耕地、运输主要以畜力为主，农家肥主要是大牲畜粪便，随着农业生产责任制的推行，农业生产迅猛发展，产业化的发展推动畜牧业稳步发展，2010年，全县牛的饲养量达到了11 879头，羊的饲养量为 239 502 只，猪的饲养量达到了 65 299 头。进入 21 世纪以来，山西省启动了雁门关生态畜牧经济区建设工程，左云县的畜牧业生产得到了空前的发展，全县牛、羊、猪、鸡的饲养量大幅度增加，农家肥数量也随着大幅度增加，但粪便入田很不平衡，城郊地区、养殖园区附近及经济效益较高的蔬菜等作物农家肥施入水平较高，而且存在着较严重的浪费现象，边远山、坡区很少施用或者基本不施用农家肥，因而造成了土壤养分含量在不同地区的差异性。

左云县化肥的使用情况，从逐年增加到趋于合理。据统计，在新中国成立初期，全县基本不施用化肥，从 20 世纪 70 年代开始，化肥使用量逐年快速增长，到 1999 年达到最高值，年化肥施用量 8 848 吨（实物量）。进入 21 世纪以来，全县开始推广平衡施肥，全县化肥年施用量有所下降，特别是 2008—2010 年左云县实施测土配方施肥补贴项目以后，全县化肥施用情况渐趋合理。2010 年，全县化肥施用量 8 702 吨（实物量），其中氮肥 4 202 吨，磷肥 3 335 吨，复合肥及专用肥 1 165 吨。

随着农业生产的发展平衡施肥及测土配方施肥技术的推广，土壤肥力有所变化。2010 年全县耕地耕层土壤养分测定结果与 1979 年第二次全国土壤普查结果相比较土壤有机质增加了 1.6 克/千克，全氮增加了 0.06 克/千克，有效磷增加了 0.8 毫克/千克，速效钾减少了 10 毫克/千克，随着测土配方施肥技术的全面的推广应用，土壤肥力更会发生不断变化。

四、耕地利用与保养管理简要回顾

耕地是人类赖以生存的重要资源，保护耕地是事关国家大局和子孙后代的大事，要始终贯彻“十分珍惜和合理利用每寸土地，切实保护耕地”的基本国策。左云县委县政府十分重视耕地的利用和保护，20 世纪 70 年代在“农业学大寨”中，开山造地、拦河打坝造地、兴修高灌、防渗渠等水利工程，大范围的沤制秸秆肥、绿肥压青等为全县农业的发展和土壤肥力的提高起到了较大的推动作用。20 世纪 80 年代后期，全县大搞以平田整地、修筑梯田为中心的农田基本建设，累计平整耕地 13.3 万亩，新修整修梯田 5.5 万亩，新增水浇地 1.1 万亩。21 世纪初国家进行退耕还林和雁门关经济畜牧区的建设，国家和地方政府拿出巨额资金支持农民退耕还林还牧，一大部分低产耕地、障碍型土壤进行植树造林、种植牧草等生态措施，使农民集中更多的有机肥、化肥和精力，来进行基本农田的培肥，增加了基本农田的集约化程度。1979 年，根据全国第二次土壤普查结果，左云县划分了土壤利用改良区，根据不同土壤类型，不同土壤肥力和不同生产水平，提出了合理利用培肥措施，达到了培肥土壤目的。

随着近年来农业产业结构调整，政府实施沃土工程计划、旱作节水农业、推广测土配方施肥、过腹还田、盐渍土改造工程等。特别是 2008 年，测土配方施肥项目的实施，使全县施肥逐渐趋于合理，加上退耕还林等生态措施的实施，耕地土壤肥力逐步提高，农业大环境得到了有效改变。近年来，随着科学发展观的贯彻落实，对环境保护高度重视，环境保护力度不断加大，治理污染源，实施了无公害农产品行动计划，禁止高毒高残留农药使用，从源头抓起，努力改善产地环境，农田环境日益好转。同时政府加大对农业投入。通过一系列有效措施，全县耕地生产正逐步向优质、高产、高效、安全迈进。

第二章　耕地地力调查与质量评价的内容和方法

根据《全国耕地地力调查与质量评价技术规程》和《全国测土配方施肥技术规范》（以下简称《规程》和《规范》）的要求，通过肥料效应田间试验、样品采集与制备、田间基本情况调查、土壤与植株测试、肥料配方设计、配方肥料合理使用、效果反馈与评价、数据汇总、报告撰写等内容、方法与操作规程和耕地地力评价方法的工作过程，进行耕地地力调查和质量评价。这次调查和评价是基于四个方面进行的。一是通过耕地地力调查与评价，合理调整农业结构、满足市场对农产品多样化、优质化的要求以及经济发展的需要；二是全面了解耕地质量现状，为无公害农产品、绿色食品、有机食品生产提供科学依据，为人民提供健康安全食品；三是针对耕地土壤的障碍因子，提出中低产田改造、防止土壤退化及修复已污染土壤的意见和措施，提高耕地综合生产能力；四是通过调查，建立全县耕地资源信息管理系统和测土配方施肥专家咨询系统，对耕地质量和测土配方施肥实行计算机网络管理，形成较为完善的测土配方施肥数据库，为农业增产、农村增效、农民增收提供科学决策依据，保证农业可持续发展。

第一节　工作准备

一、组织准备

为确保耕地地力调查与质量评价工作圆满完成，使项目中的各项工作有条不紊地进行，由左云县农业委员会牵头成立测土配方施肥和耕地地力调查与质量评价领导组、专家组、技术指导组。组长由主管农业的副县长担任。领导组的主要职责是，负责此项工作的组织协调，经费、人员及物资的落实与监督。领导组下设办公室，地点设在左云县农业委员会，办公室的主要职责是负责调查队伍的组织、技术培训、编写文字报告、建立属性数据库和耕地质量信息管理系统，制定全县耕地地力调查质量评价实施方案。办公室下设野外调查组、资料收集组、资料汇总组、财务组等。

二、物质准备

为了这次调查与评价工作顺利开展，根据《规程》和《规范》要求，进行充分的物质准备，为调查队配备了专用车，先后配备了 GPS 定位仪、不锈钢土钻、计算机、钢卷尺、100 厘米^{3}环刀、土袋、可封口塑料袋、水样瓶、水样固定剂、化验药品、化验室仪器以及调查表格等。并在原来土壤化验室基础上，进行必要补充和维修，为全面调查和室内化验分析做好了充分物质准备。

三、技术准备

领导组聘请农业系统有关专家及第二次土壤普查有关人员，组成技术指导组，根据《规程》和《山西省区域性耕地地力调查与质量评价实施方案》及《规范》，制定了《左云县测土配方施肥技术规范及耕地地力调查与质量评价技术规程》，并编写了技术培训教材。

在采样调查前对采样调查人员进行认真、系统的技术培训。野外工作培训内容包括：大田土样、水样，依据、调查内容、采样方法、样品保存、填表方法等；化验专职人员培训内容：样品的处理方法和正确的化验操作步骤，水样的测定方法。属性数据录入人员的培训内容：数据库的建立、维护以及正确的录入方法。

四、资料准备

按照《规程》和《规范》要求，收集了左云县行政区划图、地形图、第二次土壤普查成果图、土地利用现状图、农田水利分区图等图件。收集了第二次土壤普查成果资料，基本农田保护区地块基本情况、基本农田保护区划统计资料，农田水利灌溉区域、面积及地块灌溉保证率，退耕还林规划，肥料、农药使用品种及数量、肥力动态监测等资料。

第二节　室内预研究

一、确定采样点位

（一）布点与采样原则

为了使土壤调查所获取的信息具有一定的典型性和代表性，提高工作效率，节省人力和资金。采样点参考县级土壤图，做好采样规划设计，确定采样点位。实际采样时严禁随意变更采样点，若有变更须注明理由。在布点和采样时主要遵循了以下原则：一是布点具有广泛的代表性，同时兼顾均匀性。根据土壤类型、土地利用等因素，将采样区域划分为若干个采样单元，每个采样单元的土壤性状尽可能均匀一致；二是尽可能在全国第二次土壤普查时的剖面或农化样取样点上布点；三是采集的样品具有典型性，能代表其对应的评价单元最明显、最稳定、最典型的特征，尽量避免各种非调查因素的影响；四是所调查农户随机抽取，按照事先所确定采样地点寻找符合基本采样条件的农户进行，采样在符合要求的同一农户的同一地块内进行。

（二）布点方法

按照《规范》要求，平川水地 150 亩采集一个土样，旱垣地 200 亩采集一个土样，丘陵山区 100 亩采集一个土样，特殊地形单独定点，以村根据土壤类型、种植制度、作物种类、产量水平等因素的不同，确定布点点位（村与村接壤部位统一规划），实地采样时为选择有代表性的农户可进行适当调整，依据上述情况实际布设大田样点 4 600 个。一是依据山西省第二次土壤普查土种归属表，把那些图斑面积过小的土种，适当合并至母质类型相同、质地相近、土体构型相似的土种，修改编绘出新的土种图；二是将归并后的土种图和土地利用现状图叠加，形成评价单元；三是根据评价单元的个数及相应面积，在样点总数的控制范围内，初步确定不同评价单元的采样点数；四是在评价单元中，根据图斑大小、种植制度、作物种类、产量水平等因素的不同，确定布点数量和点位，并在图上予以标注。点位尽可能选在第二次土壤普查时的典型剖面取样点或农化样品取样点上；五是不同评价单元的取样数量和点位确定后，按照土种、作物品种、产量水平等因素，分别统计其相应的取样数量。当某一因素点位数过少或过多时，再根据实际情况进行适当调整。

二、确定采样方法

1. 采样时间 春季在作物施肥播种前进行，秋季在作物收获后土地封冻前进行。按叠加图上确定的调查点位去野外采集样品。通过向农民实地了解当地的农业生产情况，确定最具代表性的同一农户的同一块田采样，田块面积均在1亩以上，并用GPS定位仪确定地理坐标和海拔高程，记录经纬度，精确到0.1″。依此准确方位修正点位图上的点位置。

2. 调查、取样 向已确定采样田块的户主，按农户地块调查表格的内容逐项进行调查并认真填写。调查严格遵循实事求是的原则，对那些说不清楚的农户，通过访问地力水平相当、位置基本一致的其他农户或对实物进行核对推算。采样主要采用“S”法，均匀随机采取15～20个采样点，充分混合后，四分法留取1千克组成一个土壤样品，并装入已准备好的土袋中。

3. 采样工具 主要采用不锈钢土钻，采样过程中努力保持土钻垂直，样点密度均匀，基本符合厚薄、宽窄、数量的均匀特征。

4. 采样深度 为0～20厘米耕作层土样。

5. 采样记录 填写两张标签，土袋内外各具1张，注明采样编号、采样地点、采样人、采样日期等。采样同时，填写大田采样点基本情况调查表和大田采样点农户情况调查表。

三、确定调查内容

根据《规范》要求，认真填写“测土配方施肥采样地块基本情况调查表”。这次调查的范围是基本农田保护区耕地和园地，包括蔬菜、果园和其他经济作物田。调查内容主要有4个方面：一是与耕地地力评价相关的耕地自然环境条件，农田基础设施建设水平和土壤理化性状，耕地土壤障碍因素和土壤退化原因等；二是与农产品品质相关的耕地土壤环境状况，如土壤的富营养化、养分不平衡与缺乏微量元素和土壤污染等；三是与农业结构调整密切相关的耕地土壤适宜性问题等；四是农户生产管理情况调查。

以上资料的获得，一是利用第二次土壤普查和土地利用详查等现有资料，通过收集整理而来；二是采用以点带面的调查方法，经过实地调查访问农户获得的；三是对所采集样品进行相关分析化验后取得；四是将所有有限的资料、农户生产管理情况调查资料、分析数据录入计算机中，并经过矢量化处理形成数字化图件、插件，使每个地块均具有各种资料信息，来获取相关资料信息。这些资料和信息，对分析耕地地力评价与耕地质量评价结果及影响因素具有重要意义。如通过分析农户投入和生产管理对耕地地力土壤环境的影响，分析农民现阶段投入成本与耕地质量直接的关系，有利于提高成果的现实性，引起各级领导的关注。通过对每个地块资源的充实完善，可以从微观角度，对土、肥、气、热、水资源运行情况有更周密的了解，提出管理措施和对策，指导农民进行资源合理利用和分配。通过对全部信息资料的了解和掌握，可以宏观调控资源配置，合理调整农业产业结构，科学指导农业生产。

四、确定分析项目和方法

根据《规程》及《山西省耕地地力调查及质量评价实施方案》和《规范》规定，土壤质量调查样品检测项目为：pH、有机质、全氮、碱解氮、全磷、有效磷、全钾、速效钾、缓效钾、有效硫、阳离子交换量、有效铜、有效锌、有效铁、有效锰、水溶性硼、有效钼 17 个项目，其分析方法均按全国统一规定的测定方法进行。

五、确定技术路线

左云县耕地地力调查与质量评价所采用的技术路线见图 2－1。

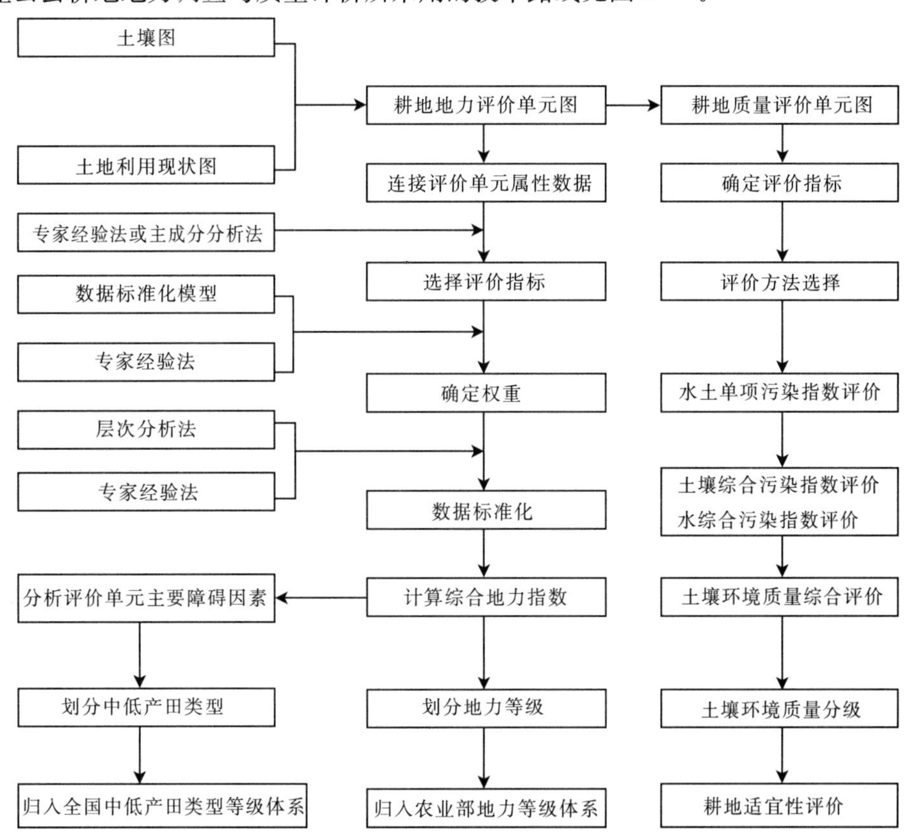

图 2－1　耕地地力调查与质量评价技术路线流程

1. 确定评价单元 利用土壤图和土地利用现状图叠加的图斑为基本评价单元。相似相近的评价单元至少采集一个土壤样品进行分析，在评价单元图上连接评价单元属性数据库，用计算机绘制各评价因子图。

2. 确定评价因子 根据全国、省级耕地地力评价指标体系并通过农科教专家论证来选择左云县县域耕地地力评价因子。

3. 确定评价因子权重 用模糊数学特尔菲法和层次分析法将评价因子标准数据化，并计算出每一评价因子的权重。

4. 数据标准化 选用隶属函数法和专家经验法等数据标准化方法，对评价指标进行数据标准化处理，对定性指标要进行数值化描述。

5. 综合地力指数计算 用各因子的地力指数累加得到每个评价单元的综合地力指数。

6. 划分地力等级 根据综合地力指数分布的累积频率曲线法或等距法，确定分级方案，并划分地力等级。

7. 归入全国耕地地力等级体系 依据《全国耕地类型区、耕地地力等级划分》（NY/T 309—1996），归纳整理各级耕地地力要素主要指标，结合专家经验，将各级耕地地力归入全国耕地地力等级体系。

8. 划分中低产田类型 依据《全国中低产田类型划分与改良技术规范》（NY/T 310—1996），分析评价单元耕地土壤主要障碍因素，划分并确定中低产田类型。

第三节　野外调查及质量控制

一、调查方法

野外调查的重点是对取样点的立地条件、土壤属性、农田基础设施条件、农户栽培管理成本、收益等情况全面了解、掌握。

1. 室内确定采样位置 技术指导组根据要求，在1∶10 000评价单元图上确定各类型采样点的采样位置，并在图上标注。

2. 培训野外调查人员 抽调技术素质高、责任心强的农业技术人员，尽可能抽调第二次土壤普查人员，经过为期一周的专业培训和野外实习，按照山、川、坡不同区域及行政区划，组成9支野外调查队，共45人参加野外调查。

3. 根据《规程》和《规范》要求，严格取样 各野外调查支队根据图标位置，在了解农户农业生产情况基础上，确定具有代表性田块和农户，用GPS定位仪进行定位，依据田块准确方位修正点位图上的点位位置。

4. 按照《规程》、省级实施方案要求规定和《规范》规定，填写调查表格，并将采集的样品统一编号，带回室内化验。

二、调查内容

1. 基本情况调查项目

（1）采样地点和地块：地址名称采用民政部门认可的正式名称。地块采用当地的通俗名称。

（2）经纬度及海拔高度：由GPS定位仪进行测定。

（3）地形地貌：以形态特征划分为五大地貌类型，即山地、丘陵、平原、高原及盆地。

（4）地形部位：指中小地貌单元。主要包括河漫滩、一级阶地、二级阶地、高阶地、坡地、梁地、垣地、峁地、山地、沟谷、洪积扇（上、中、下）、倾斜平原、河槽地、冲积平原。

（5）坡度：一般分为<2.0°、2.1°～5.0°、5.1°～8.0°、8.1°～15.0°、15.1°～25.0°、≥25.0°。

（6）侵蚀情况：按侵蚀种类和侵蚀程度记载，根据土壤侵蚀类型可划分为水蚀、风蚀、重力侵蚀、冻融侵蚀、混合侵蚀等，侵蚀程度通常分为无明显、轻度、中度、强度、极强度等级。

（7）潜水深度：指地下水深度，分为深位（3～5米）、中位（2～3米）、浅位（≤2米）。

（8）家庭人口及耕地面积：指每个农户实有的人口数量和种植耕地面积（亩）。

2. 土壤性状调查项目

（1）土壤名称：统一按第二次土壤普查时的连续命名法填写，详细到土种。

（2）土壤质地：国际制；全部样品均需采用手摸测定；质地分为：沙土、沙壤、壤土、黏壤、黏土5级。室内选取10%的样品采用比重计法（粒度分布仪法）测定。

（3）质地构型：指不同土层之间质地构造变化情况。一般可分为通体壤、通体黏、通体沙、黏夹沙、底沙、壤夹黏、多砾、少砾、夹砾、底砾、少姜、多姜等。

（4）耕层厚度：用铁锹垂直铲下去，用钢卷尺按实际进行测量确定。

（5）障碍层次及深度：主要指沙土、黏土、砾石、料姜等所发生的层位、层次及深度。

（6）盐碱情况：按盐碱类型划分为苏打盐化、硫酸盐盐化、氯化物盐化、混合盐化等。按盐化程度分为重度、中度、轻度等，碱化也分为轻、中、重度等。

（7）土壤母质：按成因类型分为保德红土、残积物、河流冲积物、洪积物、黄土状冲积物、离石黄土、马兰期黄土等类型。

3. 农田设施调查项目

（1）地面平整度：按大范围地形坡度分为平整（<2°）、基本平整（2°～5°）、不平整（>5°）。

（2）梯田化水平：分为地面平坦、园田化水平高，地面基本平坦、园田化水平较高，高水平梯田，缓坡梯田，新修梯田，坡耕地6种类型。

（3）田间输水方式：管道、防渗渠道、土渠等。

（4）灌溉方式：分为漫灌、畦灌、沟灌、滴灌、喷灌、管灌等。

（5）灌溉保证率：分为充分满足、基本满足、一般满足、无灌溉条件4种情况或按灌溉保证率（%）计。

（6）排涝能力：分为强、中、弱3级。

4. 生产性能与管理情况调查项目

(1) 种植(轮作)制度:分为一年一熟、一年二熟、二年三熟等。

(2) 作物(蔬菜)种类与产量:指调查地块上年度主要种植作物及其平均产量。

(3) 耕翻方式及深度:指翻耕、旋耕、耙地、耱地、中耕等。

(4) 秸秆还田情况:分翻压还田、覆盖还田等。

(5) 设施类型棚龄或种菜年限:分为薄膜覆盖、塑料拱棚、温室等,棚龄以正式投入算起。

(6) 上年度灌溉情况:包括灌溉方式、灌溉次数、年灌水量、水源类型、灌溉费用等。

(7) 年度施肥情况:包括有机肥、氮肥、磷肥、钾肥、复合(混)肥、微肥、叶面肥、微生物肥及其他肥料施用情况,有机肥要注明类型,化肥指纯养分。

(8) 上年度生产成本:包括化肥、有机肥、农药、农膜、种子(种苗)、机械人工及其他。

(9) 上年度农药使用情况:农药作用次数、品种、数量。

(10) 产品销售及收入情况。

(11) 作物品种及种子来源。

(12) 蔬菜效益指当年纯收益。

三、采样数量

在左云县58万亩耕地上,共采集大田土壤样品4 600个。

四、采样控制

野外调查采样是此次调查评价的关键。即要考虑采样代表性、均匀性,也要考虑采样的典型性。根据左云县的区划划分特征,分别在山地、丘陵、倾斜平原、洪积扇和二级阶地、一级阶地、河漫滩、黄土丘陵区、坡耕地、沟坝地及不同作物类型、不同地力水平的农田严格按照规程和规范要求均匀布点,并按图标布点实地核查后进行定点采样,整个采样过程严肃认真,达到了《规程》要求,保证了调查采样质量。

第四节 样品分析及质量控制

一、分析项目及方法

(一) 物理性状

土壤容重:采用环刀法测定。

(二) 化学性状

1. 土壤样品

(1) pH:土液比1∶2.5,采用电位法测定。

（2）有机质：采用油浴加热重铬酸钾氧化容量法测定。

（3）全磷：采用氢氧化钠熔融——钼锑抗比色法测定。

（4）有效磷：采用碳酸氢钠或氟化铵—盐酸浸提——钼锑抗比色法测定。

（5）全钾：采用氢氧化钠熔融——火焰光度计或原子吸收分光光度计法测定。

（6）速效钾：采用乙酸铵浸提——火焰光度计或原子吸收分光光度计法测定。

（7）全氮：采用凯氏蒸馏法测定。

（8）碱解氮：采用碱解扩散法测定。

（9）缓效钾：采用硝酸提取——火焰光度法测定。

（10）有效铜、锌、铁、锰：采用 DTPA 提取——原子吸收光谱法测定。

（11）有效钼：采用草酸—草酸铵浸提——极谱法草酸—草酸铵提取、极谱法测定。

（12）水溶性硼：采用沸水浸提——甲亚胺—H 比色法或姜黄素比色法测定。

（13）有效硫：采用磷酸盐—乙酸或氯化钙浸提——硫酸钡比浊法测定。

（14）有效硅：采用柠檬酸浸提——硅钼蓝色比色法测定。

（15）交换性钙和镁：采用乙酸铵提取——原子吸收光谱法测定。

（16）阳离子交换量：采用 EDTA—乙酸铵盐交换法测定。

2. 土壤污染样品

（1）pH：采用玻璃电极法。

（2）铅、镉：采用石墨炉原子吸收分光光度法（GB/T 17141—1997）。

（3）总汞：采用冷原子吸收光谱法（GB/T 17136—1997）。

（4）总砷：采用二乙基二硫代氨基甲酸银分光光度法（GB/T 17134—1997）。

（5）总铬：采用火焰原子吸收分光光度法（GB/T 17137—1997）。

（6）铜、锌：采用火焰原子吸收分光光度法（GB/T 17138—1997）。

（7）镍：采用火焰原子吸收分光光度法（GB/T 17139—1997）。

（8）六六六、滴滴涕：采用气相色谱法（GB 14550—2003）。

二、分析测试质量控制

分析测试质量主要包括野外调查取样后样品风干、处理与实验室分析化验质量，其质量的控制是调查评价的关键。

（一）样品风干及处理

常规样品如大田样品，应及时放置在干燥、通风、卫生、无污染的室内风干，风干后送化验室处理。

将风干后的样品平铺在制样板上，用木棍或塑料棍碾压，并将植物残体、石块等侵入体和新生体剔除干净。细小已断的植物须根，可采用静电吸附的方法清除。压碎的土样用 2 毫米孔径筛过筛，未通过的土粒重新碾压，直至全部样品通过 2 毫米孔径筛为止。通过 2 毫米孔径筛的土样可供 pH、盐分、交换性能及有效养分等项目的测定。

将通过 2 毫米孔径筛的土样用四分法取出一部分继续碾磨，使之全部通过 0.25 毫米孔径筛，供有机质、全氮、碳酸钙等项目的测定。

用于微量元素分析的土样，其处理方法同一般化学分析样品，但在采样、风干、研磨、过筛、运输、贮存等诸环节都要特别注意，不要接触容易造成样品污染的铁、铜等金属器具。采样、制样推荐使用不锈钢、木、竹或塑料工具，过筛使用尼龙网筛等。通过2毫米孔径尼龙筛的样品可用于测定土壤有效态微量元素。

将风干土样反复碾碎，用2毫米孔径筛过筛。留在筛上的碎石称量后保存，同时将过筛的土壤称重，计算石砾质量百分数。将通过2毫米孔径筛的土样混匀后盛于广口瓶内，用于颗粒分析及其他物理性质测定。若风干土样中有铁锰结核、石灰结核、铁子或半风化体，不能用木棍碾碎，应首先将其细心拣出称量保存，然后再进行碾碎。

（二）实验室质量控制

1. 在测试前采取的主要措施

（1）按规程要求制订了周密的采样方案，尽量减少采样误差（把采样作为分析检验的一部分）。

（2）正式开始分析前，对检验人员进行了为期2周的培训：对监测项目、监测方法、操作要点、注意事项一一进行培训，并进行了质量考核，为检验人员掌握了解项目分析技术、提高业务水平、减少误差等奠定了基础。

（3）收样登记制度：制定了收样登记制度，将收样时间、制样时间、处理方法与时间、分析时间一一登记，并在收样时确定样品统一编码、野外编码及标签等，从而确保了样品的真实性和整个过程的完整性。

（4）测试方法确认（尤其是同一项目有几种检测方法时）：根据实验室现有条件、要求规定及分析人员掌握情况等确立最终采取的分析方法。

（5）测试环境确认：为减少系统误差，对实验室温湿度、试剂、用水、器皿等一一检验，保证其符合测试条件。对有些相互干扰的项目分开实验室进行分析。

（6）检测用仪器设备及时进行计量检定，定期进行运行状况检查。

2. 在检测中采取的主要措施

（1）仪器使用实行登记制度，并及时对仪器设备进行检查维修和调整。

（2）严格执行项目分析标准或规程，确保测试结果准确性。

（3）坚持平行试验、必要的重显性试验，控制精密度，减少随机误差。

每个项目开始分析时每批样品均须做100％平行样品，结果稳定后，平行次数减少50％，最少保证做10％～15％平行样品。每个化验人员都自行编入明码样做平行测定，质控员还编入10％密码样进行质量控制。

平行双样测定结果的误差在允许的范围之内为合格；平行双样测定全部不合格者，该批样品须重新测定；平行双样测定合格率＜95％时，除对不合格的重新测定外，再增加10％～20％的平行测定率，直到总合格率达95％。

（4）坚持带质控样进行测定：

①与标准样对照。分析中，每批次带标准样品10％～20％，以测定的精密度合格的前提下，标准样测定值在标准保证值（95％的置信水平）范围的为合格，否则本批结果无效，进行重新分析测定。

②加标回收法。对灌溉水样由于无标准物质或质控样品，采用加标回收试验来测定准

确度。

加标率，在每批样品中，随机抽取10%～20%试样进行加标回收测定。

加标量，被测组分的总量不得超出方法的测定上限。加标浓度宜高，体积应小，不应超过原定试样体积的1%。

加标回收率在90%～110%范围内的为合格。

$$\text{回收率}(\%) = \frac{\text{测得总量} - \text{样品含量}}{\text{标准加入量}} \times 100$$

根据回收率大小，也可判断是否存在系统误差。

(5) 注重空白试验：全程空白值是指用某一方法测定某物质时，除样品中不含该物质外，整个分析过程中引起的信号值或相应浓度值。它包含了试剂、蒸馏水中杂质带来的干扰，从待测试样的测定值中扣除，可消除上述因素带来的系统误差。如果空白值过高，则要找出原因，采取其他措施（如提纯试剂、更新试剂、更换容器等）加以消除。保证每批次样品做2个以上空白样，并在整个项目开始前按要求做全程序空白测定，每次做2个平行空白样，连测5天共得10个测定结果，计算批内标准偏差 S_{wb}

$$S_{wb} = [\sum (X_i - X_{\text{平}})^2 / m(n-1)]^{1/2}$$

式中：n——每天测定平均样个数；

m——测定天数。

(6) 做好校准曲线：比色分析中标准系列保证设置6个以上浓度点。根据浓度和吸光值按一元线性回归方程 $Y=a+bX$ 计算其相关系数。

式中：Y——吸光度；

X——待测液浓度；

a——截距；

b——斜率。

要求标准曲线相关系数 $r \geqslant 0.999$。

校准曲线控制：①每批样品皆需做校准曲线；②标准曲线力求 $r \geqslant 0.999$，且有良好重现性；③大批量分析时每测10～20个样品要用一标准液校验，检查仪器状况；④待测液浓度超标时不能任意外推。

(7) 用标准物质校核实验室的标准滴定溶液：标准物质的作用是校准。对测量过程中使用的基准纯、优级纯的试剂进行校验。校准合格才准用，确保量值准确。

(8) 详细、如实记录测试过程，使检测条件可再现、检测数据可追溯。对测量过程中出现的异常情况也及时记录，及时查找原因。

(9) 认真填写测试原始记录，测试记录做到：如实、准确、完整、清晰。记录的填写、更改均制定了相应制度和程序。当测试由一人读数一人记录时，记录人员复读多次所记的数字，减少误差发生。

3. 检测后主要采取的技术措施

(1) 加强原始记录校核、审核，实行“三审三校”制度，对发现的问题及时研究、解决，或召开质量分析会，达成共识。

（2）运用质量控制图预防质量事故发生：对运用均值—极差控制图的判断，参照《质量专业理论与实名》中的判断准则。对控制样品进行多次重复测定，由所得结果计算出控制样的平均值 X 及标准差 S（或极差 R），就可绘制均值—标准差控制图（或均值—极差控制图），纵坐标为测定值，横坐标为获得数据的顺序。将均值 X 作成与横坐标平行的中心级 CL，$X\pm 3S$ 为上下警戒限 UCL 及 LCL，$X\pm 2S$ 为上下警戒限 UWL 及 LWL，在进行试样列行分析时，每批带入控制样，根据差异判异准则进行判断。如果在控制限之外，该批结果为全部错误结果，则必须查出原因，采取措施，加以消除，除“回控”后再重复测定，并控制不再出现，如果控制样的结果落在控制限和警戒限之间，说明精密度已不理想，应引起注意。

（3）控制检出限：检出限是指对某一特定的分析方法在给定的置信水平内，可以从样品中检测的待测物质的最小浓度或最小量。根据空白测定的批内标准偏差（S_{wb}）按下列公式计算检出限（95％的置信水平）。

①若试样一次测定值与零浓度试样一次测定值有显著性差异时，检出限（L）按下列公式计算：

$$L=2\times 2^{1/2}t_fS_{wb}$$

式中：L——方法检出限；

t_f——显著水平为 0.05（单侧）、自由度为 f 的 t 值；

S_{wb}——批内空白值标准偏差；

f——批内自由度，$f=m(n-1)$，m 为重复测定次数，n 为平行测定次数。

②原子吸收分析方法中检出限计算：$L=3S_{wb}$。

③分光光度法以扣除空白值后的吸光值为 0.010 相对应的浓度值为检出限。

（4）及时对异常情况处理：

①异常值的取舍。对检测数据中的异常值，按 GB 4883 标准规定采用 Grubbs 法或 Dixon 法加以判断处理。

②因外界干扰（如停电、停水），检测人员应终止检测，待排除干扰后重新检测，并记录干扰情况。当仪器出现故障时，故障排除后校准合格的，方可重新检测。

（5）使用计算机采集、处理、运算、记录、报告、存储检测数据时，应制定相应的控制程序。

（6）检验报告的编制、审核、签发：检验报告是实验工作的最终结果，是试验室的产品，因此对检验报告质量要高度重视。检验报告应做到完整、准确、清晰、结论正确。必须坚持三级审核制度，明确制表、审核、签发的职责。

除此之外，为保证分析化验质量，提高实验室之间分析结果的可比性，山西省土壤肥料工作站抽查5％～10％样品在省测试中心进行复核，并编制密码样，对实验室进行质量监督和控制。

4. 技术交流　在分析过程中，发现问题及时交流，改进方法，不断提高技术水平。

5. 数据录入　分析数据按规程和方案要求审核后编码整理，和采样点一一对照，确认无误后进行录入。采取双人录入相互对照的方法，保证录入正确率。

第五节　评价依据、方法及评价标准体系的建立

一、评价原则依据

经专家评议，左云县确定了五大因素12个因子为耕地地力评价指标。

1. 立地条件　指耕地土壤的自然环境条件，它包含与耕地与质量直接相关的地貌类型及地形部位、成土母质、地面坡度等。

（1）地貌类型及其特征描述：左云县由平川到山地垂直分布的主要地形地貌有河流及河谷冲积平原（河漫滩、一级阶地、二级阶地），山前倾斜平原（洪积扇上、中、下等），丘陵（梁地、坡地等）和山地（石山、土石山等）。

（2）成土母质及其主要分布：在左云县耕地上分布的母质类型有洪积物、河流冲积物、残积物、黄土、黄土状、冲积物（丘陵及平原区）。

（3）地面坡度：地面坡度反映水土流失程度，直接影响耕地地力，左云县将地面坡度小于25°的耕地依坡度大小分成6级（＜2.0°、2.1°～5.0°、5.1°～8.0°、8.1°～15.0°、15.1°～25.0°、≥25.0°）进入地力评价系统。

2. 土壤属性

（1）土体构型：指土壤剖面中不同土层间质地构造变化情况，直接反映土壤发育及障碍层次，影响根系发育、水肥保持及有效供给，包括有效土层厚度、耕作层厚度、质地构型等因素。

①有效土层厚度。指土壤层和松散的母质层之和，按其厚度（厘米）深浅从高到低依次分为6级（＞150、101～150、76～100、51～75、26～50、≤25）进入地力评价系统。

②耕层厚度。按其厚度（厘米）深浅从高到低依次分为6级（＞30、26～30、21～25、16～20、11～15、≤10）进入地力评价系统。

③质地构型。左云县耕地质地构型主要分为通体型（包括通体壤、通体黏、通体沙）、夹沙（包括壤夹沙、黏夹沙）、底沙、夹黏（包括壤夹黏、沙夹黏）、深黏、夹砾、底砾、通体少砾、通体多砾、通体少姜、浅姜、通体多姜等。

（2）耕层土壤理化性状：分为较稳定的理化性状（容重、质地、有机质、盐渍化程度、PH）和易变化的化学性状（有效磷、速效钾）两大部分。

①质地。影响水肥保持及耕作性能。按卡庆斯基制的6级划分体系来描述，分别为沙土、沙壤、轻壤、中壤、重壤、黏土。

②有机质：土壤肥力的重要指标，直接影响耕地地力水平。按其含量（克/千克）从高到低依次分为6级（＞25.00、20.01～25.00、15.01～20.00、10.01～15.00、5.01～10.00、≤5.00）进入地力评价系统。

③pH：过大或过小，作物生长发育受抑。按照左云县耕地土壤的pH范围，按其测定值从低到高依次分为6级（6.0～7.0、7.0～7.9、7.9～8.5、8.5～9.0、9.0～9.5、≥9.5）进入地力评价系统。

④有效磷。按其含量（毫克/千克）从高到低依次分为6级（＞25.00、20.1～25.00、

15.1～20.00、10.1～15.00、5.1～10.00、≤5.00）进入地力评价系统。

⑤速效钾。按其含量（毫克/千克）从高到低依次分为6级（>200、151～200、101～150、81～100、51～80、≤50）进入地力评价系统。

3. 农田基础设施条件 梯（园）田化水平：按园田化和梯田类型及其熟化程度分为地面平坦、园田化水平高，地面基本平坦、园田化水平较高，高水平梯田，缓坡梯田、熟化程度5年以上，新修梯田，坡耕地等类型。

二、评价方法及流程

耕地地力评价

1. 技术方法

（1）文字评述法：对一些概念性的评价因子（如地形部位、土壤母质、质地构型、质地、梯田化水平、盐渍化程度等）进行定性描述。

（2）专家经验法（德尔菲法）：在全省农科教系统邀请土肥界具有一定学术水平和农业生产实践经验的34名专家，参与评价因素的筛选和隶属度确定（包括概念型和数值型评价因子的评分），见表2-1。

表2-1 各评价因子专家打分意见表

因　子	平均值	众数值	建议值
立地条件（C_1）	1.60	1（17）	1
土体构型（C_2）	3.70	3（15）5（13）	3
较稳定的理化性状（C_3）	4.47	3（13）5（10）	4
易变化的化学性状（C_4）	4.20	5（13）3（11）	5
农田基础建设（C_5）	1.47	1（17）	1
地形部位（A_1）	1.80	1（23）	1
成土母质（A_2）	3.90	3（9）5（12）	5
地形坡度（A_3）	3.10	3（14）5（7）	3
有效土层厚度（A_4）	2.80	1（14）3（9）	1
耕层厚度（A_5）	2.70	3（17）1（10）	3
剖面构型（A_6）	2.80	1（12）3（11）	1
耕层质地（A_7）	2.90	1（13）5（11）	1
有机质（A_8）	2.70	1（14）3（11）	3
pH（A_9）	4.50	3（10）7（10）	5
有效磷（A_{10}）	1.00	1（31）	1
速效钾（A_{11}）	2.70	3（16）1（10）	3
园（梯）田化水平（A_{12}）	4.50	5（15）7（7）	5

（3）模糊综合评判法：应用这种数理统计的方法对数值型评价因子（如地面坡度、有效土层厚度、耕层厚、有机质、有效磷、速效钾、酸碱度等）进行定量描述，即利用专家给出的评分（隶属度）建立某一评价因子的隶属函数，见表 2－2。

表 2－2　左云县耕地地力评价数字型因子分级及其隶属度

评价因子	量纲	1级	2级	3级	4级	5级	6级
		量值	量值	量值	量值	量值	量值
地面坡度	°	＜2.0	2.0～5.0	5.1～8.0	8.1～15.0	15.1～25.0	≥25
有效土层厚度	厘米	＞150	101～150	76～100	51～75	26～50	≤25
耕层厚度	厘米	＞30	26～30	21～25	16～20	11～15	≤10
有机质	克/千克	＞25.0	20.01～25.00	15.01～20.00	10.01～15.00	5.01～10.00	≤5.00
pH		6.7～7.0	7.1～7.9	8.0～8.5	8.6～9.0	9.1～9.5	≥9.5
有效磷	毫克/千克	＞25.0	20.1～25.0	15.1～20.0	10.1～15.0	5.1～10.0	≤5.0
速效钾	毫克/千克	＞200	151～200	101～150	81～100	51～80	≤50

（4）层次分析法：用于计算各参评因子的组合权重。本次评价，把耕地生产性能（即耕地地力）作为目标层（G 层），把影响耕地生产性能的立地条件、土体构型、较稳定的理化性状、易变化的化学性状、农田基础设施条件作为准则层（C 层），再把影响准则层中的各因素的项目作为指标层（A 层），建立耕地地力评价层次结构图。在此基础上，由土肥专家分别对不同层次内各参评因素的重要性作出判断，构造出不同层次间的判断矩阵。最后计算出各评价因子的组合权重。

（5）指数和法：采用加权法计算耕地地力综合指数，即将各评价因子的组合权重与相应的因素等级分值（即由专家经验法或模糊综合评判法求得的隶属度）相乘后累加，如：

$$IFI = \sum B_i \times A_i (i = 1,2,3,\cdots,15)$$

式中：IFI——耕地地力综合指数；

B_i——第 i 个评价因子的等级分值；

A_i——第 i 个评价因子的组合权重。

2. 技术流程

（1）应用叠加法确定评价单元：把基本农田保护区规划图与土地利用现状图、土壤图叠加形成的图斑作为评价单元。

（2）空间数据与属性数据的连接：用评价单元图分别与各个专题图叠加，为每一评价单元获取相应的属性数据。根据调查结果，提取属性数据进行补充。

（3）确定评价指标：根据全国耕地地力调查评价指数表，由山西省土壤肥料工作站组织 34 名专家，采用德尔菲法和模糊综合评判法确定左云县耕地地力评价因子及其隶属度。

（4）应用层次分析法确定各评价因子的组合权重。

（5）数据标准化：计算各评价因子的隶属函数，对各评价因子的隶属度数值进行标准化。

（6）应用累加法计算每个评价单元的耕地地力综合指数。

（7）划分地力等级：分析综合地力指数分布，确定耕地地力综合指数的分级方案，划分地力等级。

（8）归入农业部地力等级体系：选择10%的评价单元，调查近3年粮食单产（或用基础地理信息系统中已有资料），与以粮食作物产量为引导确定的耕地基础地力等级进行相关分析，找出两者之间的对应关系，将评价的地力等级归入农业部确定的等级体系（NY/T 309—1996　全国耕地类型区、耕地地力等级划分）。

（9）采用GIS、GPS系统编绘各种养分图和地力等级图等图件。

三、评价标准体系建立

1. 耕地地力要素的层次结构　见图2-2。

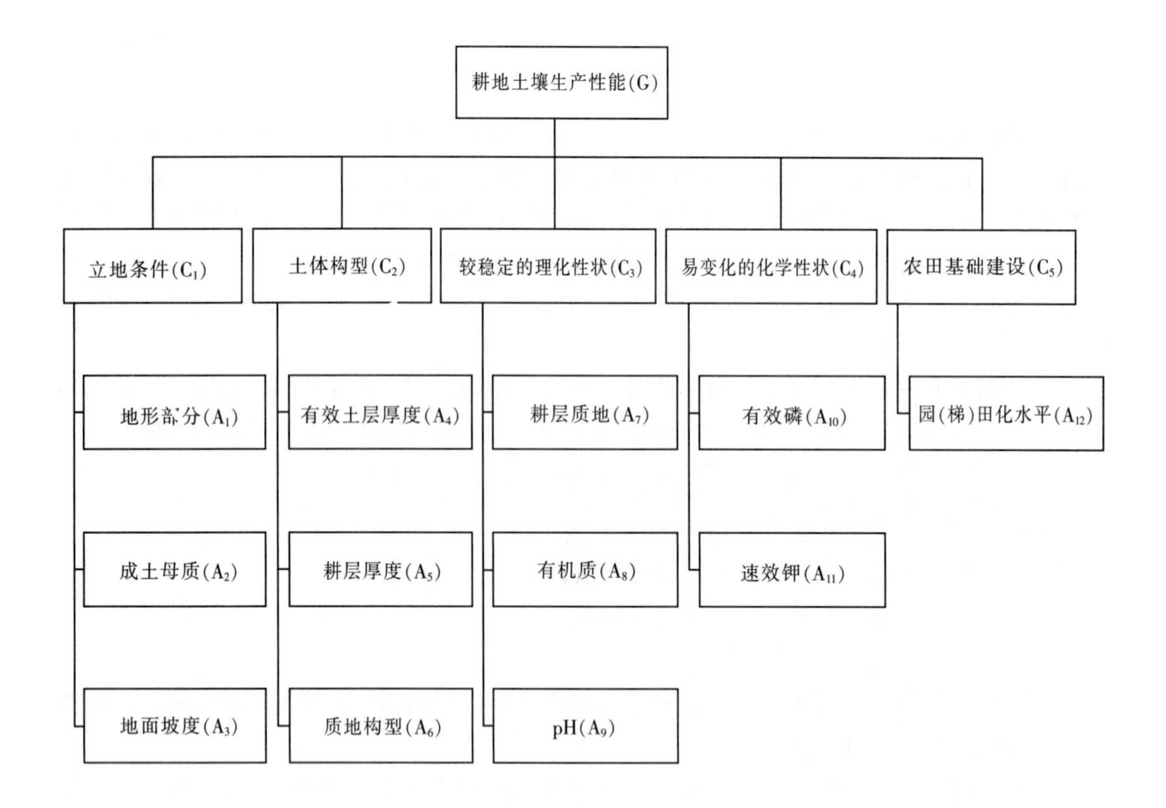

图2-2　耕地地力要素层次结构

2. 耕地地力要素的隶属度

（1）概念性评价因子：各评价因子的隶属度及其描述见表2-3。

表 2-3　左云县耕地地力评价概念性因子隶属度及其描述

地形部位	描述	河漫滩	一级阶地	二级阶地	高阶地	垣地	洪积扇（上、中、下）			倾斜平原	梁地	峁地	坡麓	沟谷
	隶属度	0.7	1.0	0.9	0.7	0.4	0.4	0.6	0.8	0.8	0.2	0.2	0.1	0.6

母质类型	描述	洪积物	河流冲积物	黄土状冲积物	残积物	保德红土	马兰黄土	离石黄土
	隶属度	0.7	0.9	1.0	0.2	0.3	0.5	0.6

质地构型	描述	通体壤	黏夹沙	底沙	壤夹黏	壤夹沙	沙夹黏	通体黏	夹砾	底砾	少砾	多砾	少姜	浅姜	多姜	通体沙	浅钙积	夹白干	底白干
	隶属度	1.0	0.6	0.7	1.0	0.9	0.3	0.6	0.4	0.7	0.8	0.2	0.8	0.4	0.2	0.3	0.4	0.4	0.7

耕层质地	描述	沙土	沙壤	轻壤	中壤	重壤	黏土
	隶属度	0.2	0.6	0.8	1.0	0.8	0.4

梯（园）田化水平	描述	地面平坦 园田化水平高	地面基本平坦 园田化水平较高	高水平梯田	缓坡梯田 熟化程度 5 年以上	新修梯田	坡耕地
	隶属度	1.0	0.8	0.6	0.4	0.2	0.1

（2）数值型评价因子：各评价因子的隶属函数（经验公式）见表 2－4。

表 2－4　左云县耕地地力评价数值型因子隶属函数

函数类型	评价因子	经验公式	C	U_t
戒下型	地面坡度（°）	$y=1/[1+6.492\times10^{-3}\times(u-c)^2]$	3.00	≥25.0
戒上型	有效土层厚度（厘米）	$y=1/[1+1.118\times10^{-4}\times(u-c)^2]$	160.00	≤25.0
戒上型	耕层厚度（厘米）	$y=1/[1+4.057\times10^{-3}\times(u-c)^2]$	33.80	≤10.0
戒上型	有机质（克/千克）	$y=1/[1+2.912\times10^{-3}\times(u-c)^2]$	28.40	≤5.0
戒下型	pH	$y=1/[1+0.5156\times(u-c)^2]$	7.00	≥9.5
戒上型	有效磷（毫克/千克）	$y=1/[1+3.035\times10^{-3}\times(u-c)^2]$	28.80	≤5.0
戒上型	速效钾（毫克/千克）	$y=1/[1+5.389\times10^{-5}\times(u-c)^2]$	228.76	≤50.0

3. 耕地地力要素的组合权重　应用层次分析法所计算的各评价因子的组合权重见表 2－5。

表 2－5　左云县耕地地力评价因子层次分析结果

指标层	准则层					组合权重
	C_1	C_2	C_3	C_4	C_5	$\sum C_iA_i$
	0.542 7	0.180 8	0.077 4	0.108 6	0.090 5	1.000 0
A_1　地形部位	0.372 6	0.233 2	0.157 7	0.112 0	0.124 5	1.000 0
A_2　成土母质	0.519 6					0.193 6
A_3　地面坡度	0.195 7					0.072 9
A_4　有效土层厚度	0.284 7					0.106 1
A_5　耕层厚度		0.342 7				0.079 9
A_6　质地构型		0.247 8				0.057 8
A_7　耕层质地		0.409 5				0.095 5
A_8　有机质			0.427 9			0.067 5
A_9　pH			0.307 3			0.048 4
A_{10}　有效磷			0.264 8			0.041 8
A_{11}　速效钾				0.749 7		0.084 0
A_{12}　园田化水平				0.250 3		0.028 0

4. 耕地地力分级标准左云县县耕地地力分级标准见表 2－6。

表 2－6　左云县耕地地力等级标准

等　级	生产能力综合指数	面积（亩）	占耕地总面积（%）
一	0.85～0.91	41 374.57	7.13
二	0.78～0.84	44 693.94	7.70
三	0.69～0.77	96 684.99	16.66
四	0.63～0.68	91 213.93	15.71
五	0.56～0.62	151 634.76	26.12
六	0.25～0.55	154 834.05	26.68

第六节　耕地资源管理信息系统建立

一、耕地资源管理信息系统的总体设计

总体目标

耕地资源信息系统以一个县行政区域内耕地资源为管理对象，应用 GIS 技术对辖区内的地形、地貌、土壤、土地利用、农田水利、土壤污染、农业生产基本情况、基本农田保护区等资料进行统一管理，构建耕地资源基础信息系统，并将此数据平台与各类管理模型结合，对辖区内的耕地资源进行系统的动态管理，为农业决策者、农民和农业技术人员提供耕地质量动态变化、土壤适宜性、施肥咨询、作物营养诊断等多方位的信息服务。

本系统行政单元为村，农田单元为基本农田保护块，土壤单元为土种，系统基本管理单元为土壤、基本农田保护块、土地利用现状叠加所形成的评价单元。

1. 系统结构　见图 2-3。

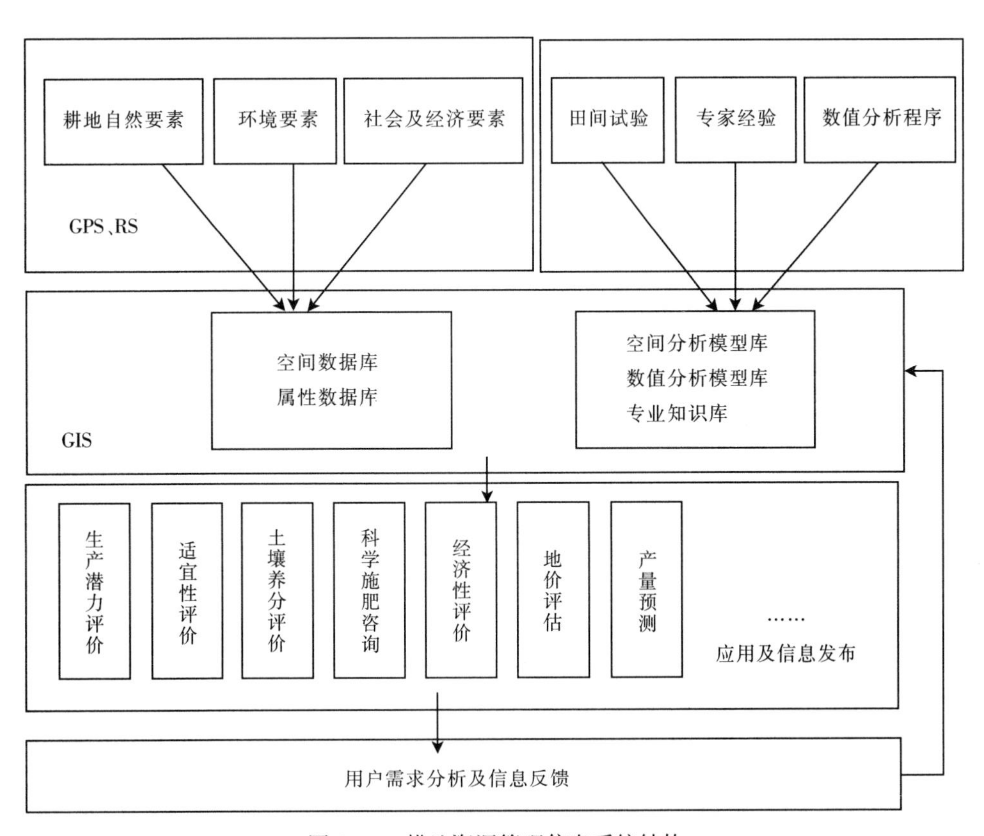

图 2-3　耕地资源管理信息系统结构

2. 县域耕地资源管理信息系统建立工作流程　见图 2-4。

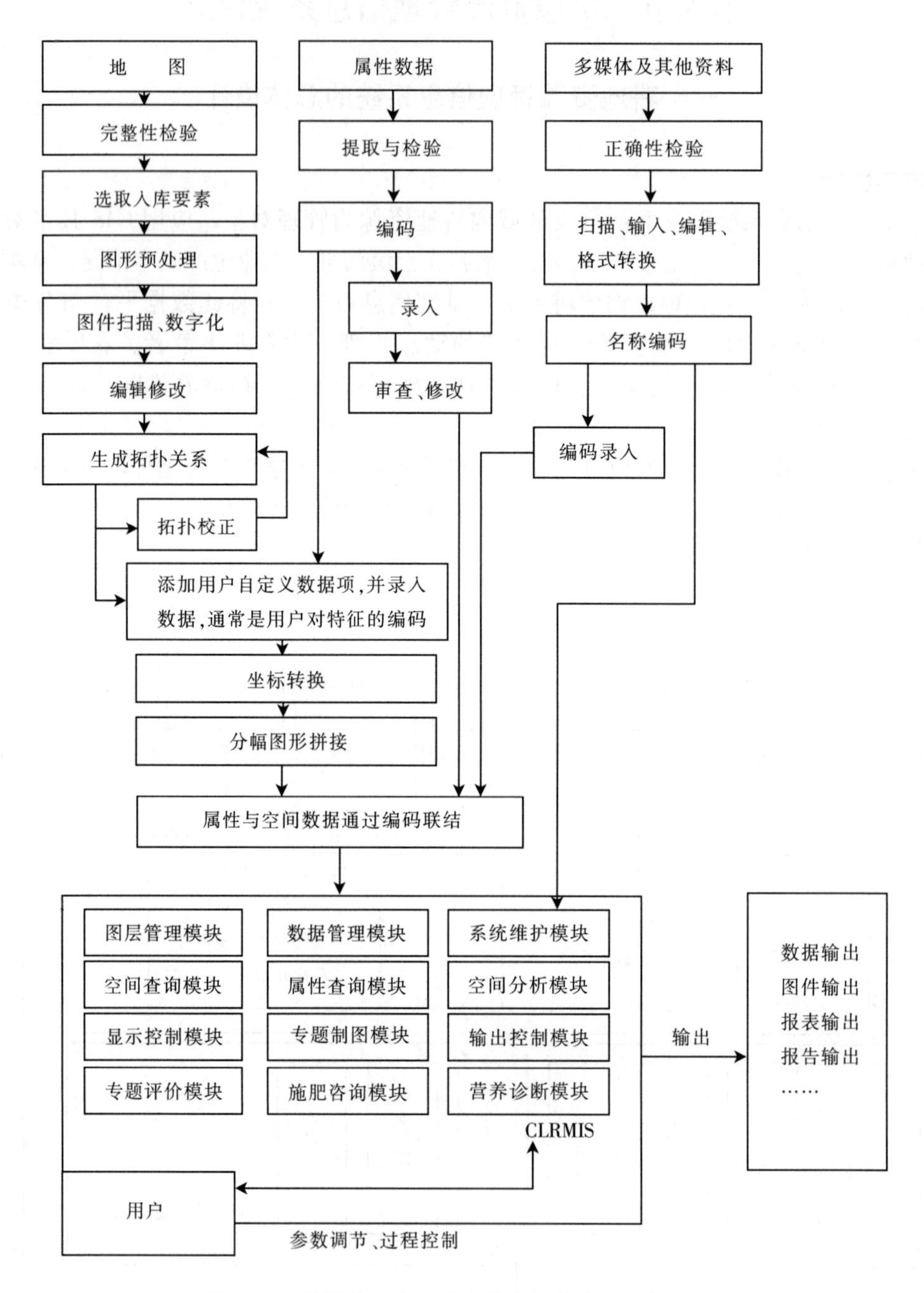

图 2-4　县域耕地资源管理信息系统建立工作流程

3. CLRMIS、硬件配置

（1）硬件：P3/P4 及其兼容机，≥2G 的内存，≥250G 的硬盘，≥512M 的显存，A4 扫描仪，彩色喷墨打印机。

（2）软件：Windows XP，Excel 2003 等。

二、资料收集与整理

1. 图件资料收集与整理　图件资料指印刷的各类地图、专题图以及商品数字化矢量和栅格图。图件比例尺为1∶50 000和1∶10 000。

（1）地形图：统一采用中国人民解放军总参谋部测绘局测绘的地形图。由于近年来公路、水系、地形地貌等变化较大，因此采用水利、公路、规划、国土等部门的有关最新图件资料对地形图进行修正。

（2）行政区划图：由于近年撤乡并镇等工作致使部分地区行政区划变化较大，因此按最新行政区划进行修正，同时注意名称、拼音、编码等的一致。

（3）土壤图及土壤养分图：采用第二次土壤普查成果图。

（4）基本农田保护区现状图：采用国土局最新划定的基本农田保护区图。

（5）地貌类型分区图：根据地貌类型将辖区内农田分区，采用第二次土壤普查分类系统绘制成图。

（6）土地利用现状图：现有的土地利用现状图。

（7）土壤肥力监测点点位图：在地形图上标明准确位置及编号。

（8）土壤普查土壤采样点点位图：在地形图上标明准确位置及编号。

2. 数据资料收集与整理

（1）基本农田保护区一级、二级地块登记表，国土局基本农田划定资料。

（2）其他有关基本农田保护区划定统计资料，国土局基本农田划定资料。

（3）近几年粮食单产、总产、种植面积统计资料（以村为单位）。

（4）其他农村及农业生产基本情况资料。

（5）历年土壤肥力监测点田间记载及化验结果资料。

（6）历年肥情点资料。

（7）县、乡、村名编码表。

（8）近几年土壤、植株化验资料（土壤普查、肥力普查等）。

（9）近几年主要粮食作物、主要品种产量构成资料。

（10）各乡历年化肥销售、使用情况。

（11）土壤志、土种志。

（12）特色农产品分布、数量资料。

（13）当地农作物品种及特性资料，包括各个品种的全生育期、大田生产潜力、最佳播期、移栽期、播种量、栽插密度、百千克籽粒需氮量、需磷量、需钾量等，以及品种特性介绍。

（14）一元、二元、三元肥料肥效试验资料，计算不同地区、不同土壤、不同作物品种的肥料效应函数。

（15）不同土壤、不同作物基础地力产量占常规产量比例资料。

3. 文本资料收集与整理

（1）全县及各乡（镇）基本情况描述。

(2) 各土种性状描述，包括其发生、发育、分布、生产性能、障碍因素等。

4. 多媒体资料收集与整理

(1) 土壤典型剖面照片。

(2) 土壤肥力监测点景观照片。

(3) 当地典型景观照片。

(4) 特色农产品介绍（文字、图片）。

(5) 地方介绍资料（图片、录像、文字、音乐）。

三、属性数据库建立

（一）属性数据内容

见表 2－7。

表 2－7 CLRMIS 主要属性资料及其来源

编号	名　　称	来　　源
1	湖泊、面状河流属性表	水务局
2	堤坝、渠道、线状河流属性数据	水务局
3	交通道路属性数据	交通局
4	行政界线属性数据	农业委员会
5	耕地及蔬菜地灌溉水、回水分析结果数据	农业委员会
6	土地利用现状属性数据	国土局、卫星图片解译
7	土壤、植株样品分析化验结果数据表	本次调查资料
8	土壤名称编码表	土壤普查资料
9	土种属性数据表	土壤普查资料
10	基本农田保护块属性数据表	国土局
11	基本农田保护区基本情况数据表	国土局
12	地貌、气候属性表	土壤普查资料
13	县乡村名编码表	统计局

（二）属性数据分类与编码

数据的分类编码是对数据资料进行有效管理的重要依据。编码的主要目的是节省计算机内存空间，便于用户理解使用。地理属性进入数据库之前进行编码是必要的，只有进行了正确的编码，空间数据库与属性数据库才能实现正确连接。编码格式有英文字母与数学组合。本系统主要采用数字表示的层次型分类编码体系，它能反映专题要素分类体系的基本特征。

（三）建立编码字典

数据字典是数据库应用设计的重要内容，是描述数据库中各类数据及其组合的数据集合，也称元数据。地理数据库的数据字典主要用于描述属性数据，它本身是一个特殊用途的文件，在数据库整个生命周期里都起着重要的作用。它避免重复数据项的出现，并提供了查询数据的唯一入口。

（四）数据库结构设计

属性数据库的建立与录入可独立于空间数据库和 GIS 系统，可以在 Access、dBase、Foxbase 和 Foxpro 下建立，最终统一以 dBase 的 dbf 格式保存入库。下面以 dBase 的 dbf 数据库为例进行描述。

1. 湖泊、面状河流属性数据库 lake. dbf

字段名	属性	数据类型	宽度	小数位	量纲
lacode	水系代码	N	4	0	代码
laname	水系名称	C	20		
lacontent	湖泊贮水量	N	8	0	万/米^3
laflux	河流流量	N	6		米^3/秒

2. 堤坝、渠道、线状河流属性数据 stream. dbf

字段名	属性	数据类型	宽度	小数位	量纲
ricode	水系代码	N	4	0	代码
riname	水系名称	C	20		
riflux	河流、渠道流量	N	6		米^3/秒

3. 交通道路属性数据库 traffic. dbf

字段名	属性	数据类型	宽度	小数位	量纲
rocode	道路编码	N	4	0	代码
roname	道路名称	C	20		
rograde	道路等级	C	1		
rotype	道路类型	C	1	（黑色/水泥/石子/土）	

4. 行政界线（省、市、县、乡、村）属性数据库 boundary. dbf

字段名	属性	数据类型	宽度	小数位	量纲
adcode	界线编码	N	1	0	代码
adname	界线名称	C	4		

adcode	name
1	国界
2	省界

3	市界
4	县界
5	乡界
6	村界

5. 土地利用现状属性数据库* landuse. dbf

字段名	属性	数据类型	宽度	小数位	量纲
lucode	利用方式编码	N	2	0	代码
luname	利用方式名称	C	10		

* 土地利用现状分类表。

6. 土种属性数据表 soil. dbf

字段名	属性	数据类型	宽度	小数位	量纲
sgcode	土种代码	N	4	0	代码
stname	土类名称	C	10		
ssname	亚类名称	C	20		
skname	土属名称	C	20		
sgname	土种名称	C	20		
pamaterial	成土母质	C	50		
profile	剖面构型	C	50		

土种典型剖面有关属性数据：

text	剖面照片文件名	C	40
picture	图片文件名	C	50
html	HTML 文件名	C	50
video	录像文件名	C	40

* 土壤系统分类表。

7. 土壤养分（pH、有机质、氮等）**属性数据库 nutr **** . dbf**

本部分由一系列的数据库组成，视实际情况不同有所差异，如在盐碱土地区还包括盐分含量及离子组成等。

（1）pH 库 nutrpH. dbf：

字段名	属性	数据类型	宽度	小数位	量纲
code	分级编码	N	4	0	代码

number	pH	N	4	1	

（2）有机质库 nutrom. dbf：

字段名	属性	数据类型	宽度	小数位	量纲
code	分级编码	N	4	0	代码
number	有机质含量	N	5	2	百分含量

（3）全氮量库 nutrN. dbf：

字段名	属性	数据类型	宽度	小数位	量纲
code	分级编码	N	4	0	代码
number	全氮含量	N	5	3	百分含量

（4）速效养分库 nutrP. dbf：

字段名	属性	数据类型	宽度	小数位	量纲
code	分级编码	N	4	0	代码
number	速效养分含量	N	5	3	毫克/千克

8. 基本农田保护块属性数据库 farmland. dbf

字段名	属性	数据类型	宽度	小数位	量纲
plcode	保护块编码	N	7	0	代码
plarea	保护块面积	N	4	0	亩
cuarea	其中耕地面积	N	6		
eastto	东至	C	20		
westto	西至	C	20		
sorthto	南至	C	20		
northto	北至	C	20		
plperson	保护责任人	C	6		
plgrad	保护级别	N	1		

9. 地貌、气候属性表* landform. dbf

字段名	属性	数据类型	宽度	小数位	量纲
landcode	地貌类型编码	N	2	0	代码
landname	地貌类型名称	C	10		

rain	降水量	C	6

* 地貌类型编码表。

10. 基本农田保护区基本情况数据表

（略）

11. 县、乡、村名编码表

字段名	属性	数据类型	宽度	小数位	量纲
vicodec	单位编码—县内	N	5	0	代码
vicoden	单位编码—统一	N	11		
viname	单位名称	C	20		
vinamee	名称拼音	C	30		

（五）数据录入与审核

数据录入前仔细审核，数值型资料注意量纲、上下限，地名应注意汉字多音字、繁简体、简全称等问题，审核定稿后再录入。录入后仔细检查，保证数据录入无误后，将数据库转为规定的格式（dBase 的 dbf 文件格式文件），再根据数据字典中的文件名编码命名后保存在规定的子目录下。

文字资料以 TXT 格式命名保存，声音、音乐以 WAV 或 MID 文件保存，超文本以 HTML 格式保存，图片以 BMP 或 JPG 格式保存，视频以 AVI 或 MPG 格式保存，动画以 GIF 格式保存。这些文件分别保存在相应的子目录下，其相对路径和文件名录入相应的属性数据库中。

四、空间数据库建立

（一）数据采集的工艺流程

在耕地资源数据库建设中，数据采集的精度直接关系到现状数据库本身的精度和今后的应用，数据采集的工艺流程是关系到耕地资源信息管理系统数据库质量的重要基础工作。因此对数据的采集制定了一个详尽的工艺流程。首先对收集的资料进行分类检查、整理与预处理；其次，按照图件资料介质的类型进行扫描，并对扫描图件进行扫描校正；再次，进行数据的分层矢量化采集、矢量化数据的检查；最后，对矢量化数据进行坐标投影转换与数据拼接工作以及数据、图形的综合检查和数据的分层与格式转换。

具体数据采集的工艺流程见图 2-5。

（二）图件数字化

1. 图件的扫描 由于所收集的图件资料为纸介质的图件资料，所以我们采用灰度法进行扫描。扫描的精度为 300dpi。扫描完成后将文件保存为 *.TIF 格式。在扫描过程中，为了能够保证扫描图件的清晰度和精度，我们对图件先进行预见扫描。在预见扫描过程中，检查扫描图件的清晰度，其清晰度必须能够区分图内的各要素，然后利用 Lontex

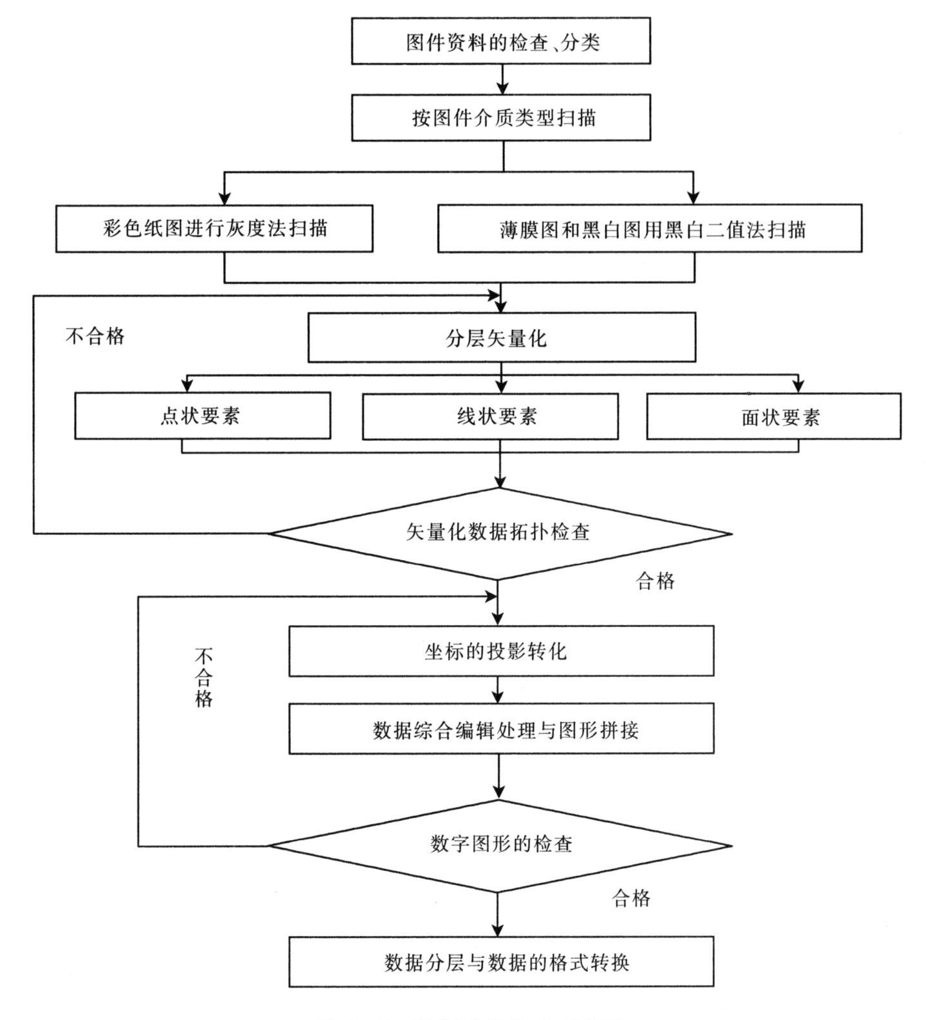

图 2－5　数据采集的工艺流程

Fss8300 扫描仪自带的 CAD image/scan 扫描软件进行角度校正，角度校正后必须保证图幅下方两个内图廓点的连线与水平线的角度误差小于 0.2°。

2. 数据采集与分层矢量化　对图形的数字化采用交互式矢量化方法，确保图形矢量化的精度。在耕地资源信息系统数据库建设中需要采集的要素有：点状要素、线状要素和面状要素。由于所采集的数据种类较多，所以必须对所采集的数据按不同类型进行分层采集。

（1）点状要素的采集：可以分为两种类型，一是零星地类，二是注记点。零星地类包括一些有点位的点状零星地类的无点位的零星地类。对于有点位的零星地类，在数据的分层矢量化采集时，将点标记置于点状要素的几何中心点，对于无点位的零星地类在分层矢量化采集时，将点标记置于原始图件的定位点。农化点位等注记点的采集按照原始图件资料中的注记点，在矢量化过程中一一标注相应的位置。

（2）线状要素的采集：在耕地资源图件资料上的线状要素主要有水系、道路、带有宽度的线状地物界、地类界、行政界线、权属界线、土种界、等高线等，对于不同类型的线状要素，进行分层采集。线状地物主要是指道路、水系、沟渠等，线状地物数据采集时考虑到有些线状地物，由于其宽度较宽，如一些较大的河流、沟渠，它们在地图上可以按照图件资料的宽度比例表示为一定的宽度，则按其实际宽度的比例在图上表示；有些线状地物，如一些道路和水系，由于其宽度不能在图上表示，在采集其数据时，则按栅格图上的线状地物的中轴线来确定其在图上的实际位置。对地类界、行政界、土种界和等高线数据的采集，保证其封闭性和连续性。线状要素按照其种类不同分层采集、分层保存，以备数据分析时进行利用。

（3）面状要素的采集：面状要素要在线状要素采集后，通过建立拓扑关系形成区后进行，由于面状要素是由行政界线、权属界线、地类界线和一些带有宽度的线状地物界等结状要素所形成的一系列的闭合性区域，其主要包括行政区、权属区、土壤类型区等图斑。所以对于不同的面状要素，因采用不同的图层对其进行数据的采集。考虑到实际情况，将面状要素分为行政区层、地类层、土壤层等图斑层。将分层采集的数据分层保存。

（三）矢量化数据的拓扑检查

由于在矢量化过程中不可避免地要存在一些问题，因此，在完成图形数据的分层矢量化以后，要进行下一步工作时，必须对分层矢量化以后的数据进行矢量化数据的拓扑检查。在对矢量化数据的拓扑检查中主要是完成以下几方面的工作：

1. 消除在矢量化过程中存在的一些悬挂线段 在线状要素的采集过程中，为了保证线段完全闭合，某些线段可能出现相互交叉的情况，这些均属于悬挂线段。在进行悬挂线段的检查时，首先使用 MapGIS 的线文件拓扑检查功能，自动对其检查和清除，如果其不能够自动清除的，则对照原始图件资料进行手工修正。对线状要素进行矢量化数据检查完成以后，随即由作图员对所矢量化的数据与原始图件资料相对比进行检查，如果在对检查过程中发现有一些通过拓扑检查所不能够解决的问题，矢量化数据的精度不符合精度要求的，或者是某些线状要素存在着一定的位移而难以校正的，则对其中的线状要素进行重新矢量化。

2. 检查图斑和行政区等面状要素的闭合性 图斑和行政区是反映一个地区耕地资源状况的重要属性，在对图件资料中的面状要素进行数据的分层矢量化采集中，由于图件资料中所涉及的图斑较多，在数据的矢量化采集过程中，有可能存在着一些图斑或行政界的不闭合情况，可以利用 MapGIS 的区文件拓扑检查功能，对在面状要素分层矢量化采集过程中所保存的一系列区文件进行适量化数据的拓扑检查。在拓扑检查过程中可以消除大多数区文件的不闭合情况。对于不能够自动消除的，通过与原始图件资料的相互检查，消除其不闭合情况。如果通过对适量化以后的区文件的拓扑检查，可以消除在适量化过程中所出现的上述问题，则进行下一步工作，如果在拓扑检查以后还存在一些问题，则对其进行重新矢量化，以确保系统建设的精度。

（四）坐标的投影转换与图件拼接

1. 坐标转换 在进行图件的分层矢量化采集过程中，所建立的图面坐标系（单位为毫米），而在实际应用中，则要求建立平面直角坐标系（单位为米）。因此，必须利用 MapGIS 所提供的坐标转换功能，将图面坐标转换成为正投影的大地直角坐标系。在坐标转换过程中，为了能够保证数据的精度，可根据提供数据源的图件精度的不同，在坐标转换过程中，采用不同的质量控制方法进行坐标转换工作。

2. 投影转换　县级土地利用现状数据库的数据投影方式采用高斯投影，也就是将进行坐标转换以后的图形资料，按照大地坐标系的经纬度坐标进行转换，以便以后进行图件拼接。在进行投影转换时，对1∶10 000土地利用图件资料，投影的分带宽度为3°。但是根据地形的复杂程度，行政区的跨度和图幅的具体情况，对于部分图形采用非标准的3°分带高斯投影。

3. 图件拼接　左云县提供的1∶10 000土地利用现状图是采用标准分幅图，在系统建设过程中应图幅进行拼接。在图斑拼接检查过程中，相邻图幅间的同名要素误差应小于1毫米，这时移动其任何一个要素进行拼接，同名要素间距为1～3毫米的处理方法是将两个要素各自移动一半，在中间部分结合，这样图幅拼接完全满足了精度要求。

五、空间数据库与属性数据库的连接

MapGIS系统采用不同的数据模型分别对属性数据和空间数据进行存储管理，属性数据采用关系模型，空间数据采用网状模型。两种数据的连接非常重要。在一个图幅工作单元Coverage中，每个图形单元由一个标识码来唯一确定。同时一个Coverage中可以若干个关系数据库文件即要素属性表，用以完成对Coverage的地理要素的属性描述。图形单元标识码是要素属性表中的一个关键字段，空间数据与属性数据以此字段形成关联，完成对地图的模拟。这种关联是MapGIS的两种模型联成一体，可方便从空间数据检索属性数据或者从属性数据检索空间数据。

对属性与空间数据的连接采用的方法是：在图件矢量化过程中，标记多边形标识点，建立多边形编码表，并运用MapGIS将用Foxpro建立的属性数据库自动连接到图形单元中，这种方法可由多人同时进行工作，速度较快。

第三章　耕地土壤属性

第一节　耕地土壤类型

一、土壤类型及分布

左云县由于受地形、地貌、水文、气候以及人为因素的影响，土壤类型种类较多。既有山地草原草甸土山地土壤，又有地带性栗褐土，也有受地下水影响形成的隐域性土壤潮土、盐化潮土。按照全国第二次土壤普查技术规程和 1991 年山西省第二次土壤普查分类系统，左云县土壤分类采用土类、亚类、土属、土种四级分类制，共划分为三大土类，5 个亚类，12 个土属，20 个土种，具体分布见表 3－1。

表 3－1　左云县土壤分类系统面积表　　单位：亩

土类 [总面积] （耕地面积）	亚类 [总面积] （耕地面积）	土　属	耕地面积 （亩）	土　种	耕地面积 （亩）
山地草甸土 [43 833]	山地草原草 甸土 [43 833]	麻沙质山地草原草甸土		薄麻沙质草毡土	
				麻沙质草毡土	
				麻沙质草毡土	
		黄土质山地草原草甸土		耕草毡土	
栗褐土 [1 761 311] （516 711）	栗褐土 [365 647] （89 525）	铁铝质栗褐土	20 103	薄铁铝质栗褐土	20 103
		沙泥质栗褐土	47 511	薄沙泥质栗褐土	16 824
				沙泥质栗褐土	30 687
		黄土质栗褐土	21 911	栗黄土	534
				耕栗黄土	21 378
	淡栗褐土 [1 395 664] （427 187）	黄土质淡栗褐土	287 475	淡栗黄土	113 193
				耕淡栗黄土	174 282
		红黄土质淡栗褐土	19 236	红淡栗黄土	2 202
		灌淤淡栗褐土	8 918	黏淤淡栗黄土	8 918
		洪积淡栗褐土	10 032	底砾洪淡栗黄土	12 045
				洪淡栗黄土	17 034
		黄土状淡栗褐土	101 525	卧淡栗黄土	93 382
				底黑淡栗黄土	8 144

（续）

土类 ［总面积］ （耕地面积）	亚类 ［总面积］ （耕地面积）	土　属	耕地面积 （亩）	土　种	耕地面积 （亩）
潮土 ［154 828］ （63 725）	潮土 ［120 968］ （49 265）	洪冲积潮土	49 265	耕洪潮土	44 281
				蒙金洪潮土	942
				底砾洪潮土	2 029
	盐化潮土 ［33 860］ （14 460）	苏打盐化潮土	14 460	轻苏打盐潮土	14 460
合　计		总土地面积　1 959 972		总耕地面积　580 436	

二、土壤类型特征及主要生产性能

（一）山地草甸土土类

分布及成土条件：山地草甸土面积土类总面积 43 833 亩，占全县总土地面积的 0.6%，分布于全县西北部的三屯、陈家窑、汉疙瘩等乡村的山顶缓坡平台处，海拔 1 800～2 000 米。由于山地草甸土地处海拔高，地势平缓，植被覆盖度为 80%～90%，且生长茂盛，形成草甸自然植被，由蒿草、兰花棘豆、鬼见愁、地丁、风毛菊、三叶绣线菊、胭脂花、大叶龙胆和飞龙草等组成，自然条件下一般无侵蚀现象，土层相对较厚，有效土层厚度为 40～50 厘米。

成土过程：气候特点是冷、湿，年冻土期 250 天以上，年平均气温 0℃以下，相对湿度较高，可达 70%～80%，植被以草灌植被为主，成土母质以玄武岩的残积风化物为主，也有部分为黄土母质。在冷、湿条件下，有机物质生长量较大，分解缓慢，十分有利于有机质的积累，有较强的腐殖化过程，腐殖质层厚度可达 30～40 厘米，表层为黑褐色或褐黑色的草毡层，土壤有机质含量高达 40～60 克/千克，C/N 较高，大部分碳酸钙被淋失，土壤呈微酸性或中性，pH7 以下，阳离子代换量较高，一般 25～35me/百克土。

山地草甸土只有山地草原草甸土 1 个亚类，麻沙质山地草原草甸土、黄土质山地草原草甸土 2 个土属，薄麻沙质草毡土、麻沙质草毡土、耕草毡土 3 个土种，绝大部分为荒草地。典型剖面采自三屯乡宁鲁村西北部五路山上，海拔 1 882 米，理化性状见表 3－2。

表 3－2　黄土质山地草原草甸土典型剖面理化性状表（第二次土壤普查数据）

层次	深度 （厘米）	质地	机械组成（%）		有机质 （克/千克）	全氮 （克/千克）	全磷 （克/千克）	pH	碳酸钙 （克/千克）	代换量 （me/百克土）
			＜0.01 毫米	＜0.001 毫米						
1	0～13	轻壤	26.88	6.28	48.03	2.61	0.22	6.8	5.9	33
2	20～45	中壤	29.68	6.48	32.9	1.84	2.8	6.7	2.5	36

（二）栗褐土土类

分布及成土条件：栗褐土是褐土向栗钙土过渡的一个土壤类型，左云县位于过渡带的北缘，栗褐土的气候特征是处在暖温带半干旱灌丛草原气候向温带干旱草原气候的过渡带上，自然植被为森林灌木草原植被，丘陵和倾斜平原为草灌和草原植被。栗褐土是左云县主要地带性土壤，广泛分布于全县各个乡（镇），山地、丘陵、倾斜平原、洪积扇和二级阶地上都有分布，面积 1 761 311 亩，约占全县总土地面积的 89.28%；耕地面积 516 711 亩，约占全县总耕地面积的 89.02%。

主要成土过程：一是在侵蚀条件下的微弱腐殖化过程，由于气候干旱，降水少于褐土，蒸发量是降水量的 4～5 倍，植被覆盖度低，有机质的合成速度和合成量少，而矿化分解的速度很快，有机质积累较少，有机质含量只有 10 克/千克左右，腐殖质层的厚度只有 20～40 厘米，颜色呈栗褐色或褐色；二是微弱黏化过程，温度低，降水少，土壤化学风化微弱，物理风化较强，降水量少，土壤中水分向下移动量少，残积风化与淋溶作用较弱，一般 30～50 厘米出现黏化层，厚度 20～35 厘米，黏化率 10%～25%，为弱黏化过程；三是弱钙积过程，本区降水量高于栗钙土，在半干旱大陆气候条件下，雨、热同季，夏季多雨季节，水分向下移动，土壤胶体上的钙离子随水下移，秋季降水减少，碳酸钙淀积于土体中，形成钙积层，但由于栗褐土降水量稍高于栗钙土，所以，部分钙离子被水淋失，发生弱钙积现象。据土壤普查化验资料统计，表层碳酸钙含量平均 8.95%，心土层平均 11.43%，底土层平均 12.46%，土壤盐基饱和度高，钙、镁等基性矿物含量多，表层 pH 平均值 8.3，栗褐土发育明显，层次分明，表层栗褐色或栗色，成土母质以岩石风化残积物、坡积物及黄土质、黄土状母质居多。

栗褐土广泛分布在依据成土过程和成土母质不同，全县划分为栗褐土和淡栗褐土 2 个亚类、8 个土属。

1. 栗褐土亚类 是栗褐土土类的典型亚类，分布于左云县的低山上，与平川、丘陵的土壤成土过程比较，腐殖化过程发生的相对较强，所以定为典型栗褐土。海拔 1 500～1 800 米，总面积 287 176 亩，其中，耕地面积 89 525 亩，占到总耕地面积的 15.4%。自然植被覆盖率相对较好，一般为 40%～70%，为草灌和阔叶林复合群落，乔木有杨树、榆树、柳树、沙枣以及人工油松、落叶松，草灌植被有沙棘、柽柳、黄刺玫、山桃、山杏树、狼毒、铁秆蒿、白羊草、针茅等，种植作物为莜麦、马铃薯、豆类、胡麻等，为一年一熟或者轮休种植制。腐殖化过程相对较高，有机质平均含量大于 10 克/千克，成土母质多为岩石风化的残积物和坡积物，土壤有一定的淋溶作用，碳酸钙和土壤黏粒发生移动，发生层次相对明显，表层为腐殖质层，心土层为淋溶层，但是碳酸钙和土壤黏粒移动不大，一般在 40 厘米以内，根据土壤母质不同，划分为麻沙质铁铝质栗褐土、沙泥质栗褐土、黄土质栗褐土 3 个土属。栗褐土亚蕾养分统计见表 3 - 3、表 3 - 4。

表 3 - 3 栗褐土亚类耕地大量元素土壤养分统计

项目	有机质（克/千克）	全氮（克/千克）	有效磷（毫克/千克）	速效钾（毫克/千克）	缓效钾（毫克/千克）
最大值	26.99	0.88	22.41	223.87	920.93

（续）

项目	有机质（克/千克）	全氮（克/千克）	有效磷（毫克/千克）	速效钾（毫克/千克）	缓效钾（毫克/千克）
最小值	7.65	0.42	1.29	44.22	400.80
平均值	13.04	0.67	7.05	97.26	585.33
标准偏差	3.42	0.07	4.43	21.42	87.82

注：以上统计结果依据2008—2010年左云县测土配方施肥项目土样化验结果。

表3-4　栗褐土亚类耕地中微量元素土壤养分统计　　单位：毫克/千克

项目	有效铜	有效锰	有效锌	有效铁	有效硼	有效钼	有效硫
最大值	1.27	10.34	2.30	8.00	1.00	0.26	113.42
最小值	0.42	3.56	0.12	2.84	0.29	0.04	8.58
平均值	0.65	6.90	0.53	4.51	0.44	0.07	21.20
标准偏差	0.11	1.09	0.21	0.65	0.06	0.02	7.48

注：以上统计结果依据2008—2010年左云县测土配方施肥项目土样化验结果。

（1）铁铝质栗褐土：分布于三屯、威鲁、陈家窑、汉疙瘩等乡村的低山上，海拔约1 150米以上的山地，成土母质为玄武岩的风化残积物和坡积物，总面积85 558亩，约占全县土地面积的4.34%，耕地面积20 103亩，约占全县总耕地面积的3.46%。

铁铝质栗褐土所处地势相对较高，地形起伏大，沟壑较多，土体干旱、植物稀少，土壤侵蚀严重，土体发育微弱，层次不明显，母质特征十分显著。极少量白色的碳酸盐呈糯状，菌丝状分布于植物根孔及虫孔中，剖面呈不同程度的石灰反应，植被为草灌及少部分阔叶复合群落。典型剖面采三屯乡王家窑村海拔1 540米的南山上，理化性状见表3-5，耕地养分状况见表3-6。根据有效土层厚度划分薄铁铝质栗褐土1个土种。

表3-5　铁铝质栗褐土典型剖面理化性状表（第二次土壤普查数据）

层次	深度（厘米）	质地	机械组成（%）		有机质（克/千克）	全氮（克/千克）	全磷（克/千克）	pH	碳酸钙（克/千克）	代换量（me/百克土）
			<0.01毫米	<0.001毫米						
1	0～15	轻壤	27.28	10.88	27.6	1.48	0.72	8.1	13.3	17
2	15～35	轻壤	27.88	10.88	14.5	0.74	0.62	8.0	11.3	16

表3-6　铁铝质栗褐土耕地土壤养分统计表

单位：克/千克、毫克/千克

项目	全氮	有机质	有效磷	速效钾	缓效钾	有效铜
最大值	14.63	0.87	10.00	158.87	920.93	0.84
最小值	9.63	0.62	3.93	73.87	467.20	0.49
平均值	11.33	0.70	6.85	115.59	653.14	0.64
标准差	0.84	0.03	1.87	15.14	91.35	0.08

（续）

项目	有效锰	有效锌	有效铁	有效硼	有效钼	有效硫
最大值	8.34	0.54	5.00	0.67	0.09	18.12
最小值	5.68	0.35	3.51	0.38	0.05	13.82
平均值	7.44	0.40	4.53	0.45	0.07	15.41
标准差	0.43	0.03	0.22	0.02	0.01	0.99

注：以上统计结果依据 2008—2010 年左云县测土配方施肥项目土样化验结果。

（2）沙泥质栗褐土：主要分布于水窑、马道头、酸茨河、井儿沟、小破堡等乡村的低山上，海拔约 1 100 米以上的山地，成土母质为砂页岩的风化残积物和坡积物，总面积 189 893亩，约占全县土地面积的 9.68%，耕地面积 47 511 亩，约占全县总耕地面积的 8.2%。

沙泥质栗褐土所处地势高低不平，起伏较大，植物稀少，土壤侵蚀严重，尤其耕作土壤，侵蚀更加严重，土体发育微弱，层次不明显，母质特征十分显著。土体内砾石、沙砾较多，俗称轻沙土，极少量白色的碳酸盐呈糯状、丝状，菌丝状分布于植物根孔及虫孔中，剖面呈不同程度的石灰反应，植被以草灌植被为主，少部分阔叶复合群落。典型剖面采三屯乡王家窑村海拔 1 540 米的南山上，理化性状见表 3－7；耕地养分状况见表 3－8、表 3－9。根据有效土层厚度划分薄沙泥质栗褐土、沙泥质栗褐土 2 个土种。

表 3－7　沙泥质栗褐土典型剖面理化性状表（第二次土壤普查数据）

层次	深度（厘米）	质地	机械组成（%）		有机质（克/千克）	全氮（克/千克）	全磷（克/千克）	pH	碳酸钙（克/千克）	代换量（me/百克土）
			<0.01 毫米	<0.001 毫米						
1	0～7	轻壤	22.08	6.88	24.12	1.17	0.46	8.0	23.1	7
2	7～18	砂壤	17.08	8.08	15.53	0.88	0.37	7.8	24.7	8
2	18～32	砂壤	26.08	10.08	17.35	0.98	0.40	7.8	23.8	7

表 3－8　沙泥质栗褐土耕地大量元素土壤养分统计表

单位：克/千克、毫克/千克

项目	有机质	全氮	有效磷	速效钾	缓效钾
最大值	21.0	0.88	20.1	158	720
最小值	7.6	0.42	1.8	44.0	400
平均值	12.7	0.66	6.3	90.0	550
标准差	3.5	0.08	4.6	20.0	71

注：以上统计结果依据 2008—2010 年左云县测土配方施肥项目土样化验结果。

表 3－9　沙泥质栗褐土耕地微量元素土壤养分统计表　单位：毫克/千克

项目	有效铜	有效锰	有效锌	有效铁	有效硼	有效钼	有效硫
最大值	1.08	10.34	2.30	8.00	1.00	0.26	113.42

（续）

项目	有效铜	有效锰	有效锌	有效铁	有效硼	有效钼	有效硫
最小值	0.42	3.56	0.12	2.84	0.29	0.04	8.58
平均值	0.65	6.70	0.57	4.52	0.45	0.06	23.40
标准差	0.13	1.26	0.24	0.82	0.08	0.02	8.73

注：以上统计结果依据 2008—2010 年左云县测土配方施肥项目土样化验结果。

(3) 黄土质栗褐土：集中广泛分布于水窑、陈家窑等乡村，海拔约 1 150 米以上的山地（低山区），面积 91 196 亩，约占左云县总土地面积的 4.62%，耕地面积 21 911 亩，约占左云县总耕地面积的 3.47%。成土母质为第四纪的风成黄土，土壤固结性差，水土流失严重，碳酸钙含量高，土壤呈碱性，pH 7.8～8.2，矿质养分丰富，但是有效养分较低，特别容易缺磷，磷肥在土壤中容易形成磷酸三钙，对磷形成固定，成为无效性磷，有效磷含量低，土壤侵蚀严重，土壤养分贫乏。典型剖面采自店湾镇柳树湾村，海拔 1 580 米，理化性状见表 3-10，耕地土壤养分含量统计见表 3-11。根据耕种与否划分为 2 个土种：淡栗褐土和耕淡栗褐土。

①淡栗褐土：分布于陈家窑、水窑等乡（镇），面积 8 595 亩，占左云县总土地面积的 0.44%，耕地面积 534 亩，占左云县总耕地面积的 0.09%。大部分宜退耕还林、退耕还草，种植牧草，发展畜牧业，并在阴坡栽植油松、柠条等，促进生态平衡。

②耕淡栗褐土：分布于水窑、陈家窑等乡村，与栗褐土交错分布，面积 79 545 亩，占左云县总土地面积的 4.03%，耕地面积 21 378 亩，占左云县总耕地面积的 3.6%。

表 3-10　黄土质栗褐土典型剖面理化性状表（第二次土壤普查数据）

层次	深度（厘米）	质地	机械组成（%）		有机质（克/千克）	全氮（克/千克）	全磷（克/千克）	pH	碳酸钙（克/千克）	代换量（me/百克土）
			<0.01 毫米	<0.001 毫米						
1	0～23	轻壤	28.88	11.88	8.81	0.54	0.58	8.2	119.5	8
2	23～50	轻壤	27.88	8.88	8.25	0.53	0.52	8.1	115.9	8
3	50～80	中壤	39.88	15.88	6.87	0.42	0.49	8.1	147.4	8
4	80～150	轻壤	37.88	13.88	4.13	0.29	0.50	8.0	144.8	7

表 3-11　黄土质栗褐土耕地大量元素土壤养分统计表

单位：克/千克、毫克/千克

项目	有机质	全氮	有效磷	速效钾	缓效钾
最大值	26.99	0.78	22.41	130.40	780.37
最小值	7.98	0.44	2.33	47.49	483.80
平均值	15.42	0.68	8.93	94.53	592.18
标准差	3.66	0.06	5.27	18.90	73.65

注：以上统计结果依据 2008—2010 年左云县测土配方施肥项目土样化验结果。

表 3-12　黄土质栗褐土耕地中微量元素土壤养分统计表　单位：毫克/千克

项目	有效铜	有效锰	有效锌	有效铁	有效硼	有效钼	有效硫
最大值	1.27	9.67	1.81	7.01	0.61	0.09	33.40
最小值	0.42	4.36	0.13	3.34	0.31	0.05	13.82
平均值	0.66	6.78	0.56	4.44	0.42	0.06	22.36
标准差	0.12	1.00	0.21	0.51	0.05	0.01	4.80

注：以上统计结果依据 2008—2010 年左云县测土配方施肥项目土样化验结果。

2. 淡栗褐土亚类　淡栗褐土是左云县的主要地带性土壤，是大同地区唯一分布淡栗褐土的县区，淡栗褐土和典型栗褐土相比较，气候特点温度更低，湿度更小，左云县淡栗褐土区年平均气温 5～6℃，≥10℃积温在 2 300～2 500℃，无霜期 110 天，风沙大，风蚀比较严重，“一年一场风，从春刮到冬”是群众对左云天气状况的形象描述，文人描写塞外左云的气候是“六月雨过山头雪，狂风遍地起黄沙”。植被覆盖差，水土流失极为严重，表土时时刻刻处在风水的侵蚀之下，土壤的腐殖化过程与土壤侵蚀同时发生，有机质损失较大，积累较少，有机质含量大部分低于 10 克/千克，同样黏化和钙积过程也不能连续稳定进行，土壤成土年龄相对较小，黏粒、碳酸钙移动不明显，没有明显的钙积层和黏化层，土壤更多呈现为土壤母质的特征。

淡栗褐土广泛分布于左云县的各个乡（镇），总面积 1 395 664 亩，占总土壤面积的 71.2%，其中，耕地面积 427 187 亩，占总耕地面积的 73.6%。地形部位包括了低山、丘陵、平川和一二级阶地等，土壤颜色一般为灰黄或浅黄，质地多为沙壤或轻壤，有机质含量 6～10 克/千克，全氮含量 0.4～0.6 克/千克，全磷含量 0.3～0.7 克/千克，黏化率（表层黏粒含量/心土层黏粒含量）14%～17%，钙积率（表层碳酸钙含量/心土层碳酸钙含量）12%～20%。土壤养分状况较低，有机质 6.33～13.59 克/千克，平均值 11.97 克/千克；全氮 0.38～1.08 克/千克，平均 0.65 克/千克；有效磷 1.6～21.2 毫克/千克，平均 5.2 毫克/千克；速效钾 27～160 毫克/千克，平均 92.5 毫克/千克，中微量养分见表 3-13。

淡栗褐土根据土壤母质不同，划分为黄土质淡栗褐土、红黄土质淡栗褐土、灌淤淡栗褐土、洪积淡栗褐土、洪冲积潮土、黄土状淡栗褐土 6 个土属。

表 3-13　淡栗褐土耕地中微量元素土壤养分统计表

单位：克/千克、毫克/千克

项目	全氮	有机质	有效磷	速效钾	缓效钾	有效铜
最大值	1.08	33.59	29.72	250.00	1 120.23	1.55
最小值	0.38	6.33	0.63	27.89	318.38	0.32
平均值	0.65	11.97	5.11	92.24	548.24	0.62
标准差	0.09	3.07	3.28	22.41	77.45	0.13
项目	有效锰	有效锌	有效铁	有效硼	有效钼	有效硫
最大值	13.67	1.91	19.67	1.43	0.38	120.08

（续）

项目	有效锰	有效锌	有效铁	有效硼	有效钼	有效硫
最小值	2.76	0.12	1.40	0.12	0.04	4.59
平均值	6.74	0.49	4.33	0.44	0.06	25.09
标准差	1.32	0.17	0.83	0.10	0.02	12.41

注：以上统计结果依据2008—2010年左云县测土配方施肥项目土样化验结果。

（1）黄土质淡栗褐土：广泛分布左云县的低山丘陵上，海拔1 000～1 500米，面积1 155 107亩，占左云县总土地面积的53.81%，耕地面积287 475亩，占全县总耕地面积的49.53%。成土母质为第四纪黄土母质。黄土质淡栗褐土的基本特性是土壤质地较轻，轻壤、沙壤居多，土体内以浅黄色为主，固结性较差，土壤风蚀水蚀较重，黄土母质的特性明显，极易被风侵蚀，土壤理化性状较差，是瘠薄培肥型中低产田的主要土壤类型，矿质养分丰富，土壤有效养分比较缺乏，耕地养分统计见表3-15，该土属只有红栗褐土1个土种。典型剖面采自张场乡北杏庄村东苑地块上，海拔1 275米，理化性状见表3-14。

表3-14　黄土质淡栗褐土的理化性状（第二次土壤普查数据）

层次	深度（厘米）	质地	机械组成（%）		有机质（克/千克）	全氮（克/千克）	全磷（克/千克）	pH	碳酸钙（克/千克）	代换量（me/百克土）
			<0.01毫米	<0.001毫米						
1	0～29	轻壤	28.08	16.08	10.9	0.70	0.51	8.3	108.6	8
2	29～67	沙壤	19.88	8.88	6.78	0.46	0.43	8.1	99.2	6
3	67～98	沙壤	17.88	9.88	4.11	0.26	0.45	8.3	102.7	5
4	98～150	沙壤	15.88	9.88	3.06	0.20	0.45	8.2	191.8	5

表3-15　黄土质淡栗褐土耕地土壤养分统计表

单位：克/千克、毫克/千克

项目	全氮	有机质	有效磷	速效钾	缓效钾	有效铜
最大值	26.99	0.78	22.41	130.40	780.37	1.27
最小值	7.98	0.44	1.29	47.49	483.80	0.42
平均值	15.42	0.68	8.93	94.53	592.18	0.66
项目	有效锰	有效锌	有效铁	有效硼	有效钼	有效硫
最大值	9.67	1.81	7.01	0.61	0.09	33.40
最小值	4.36	0.13	3.34	0.31	0.05	13.82
平均值	6.78	0.56	4.44	0.42	0.06	22.36

注：以上统计结果依据2008—2010年左云县测土配方施肥项目土样化验结果。

（2）黄土状淡栗褐土：分布于全县平川乡（镇）的缓坡丘陵和一级、二级阶地、倾斜平原等地，面积288 569亩，约占全县总土地面积的14.72%。耕地面积101 525亩，约占全县总耕地面积的1.54%。成土母质为经过搬运的黄土类物质或以黄土为主的搬运物，多呈现黄土母质的特性，如固结性差、碳酸钙含量高、易固定磷素、微碱性、水土流失较重、矿质养分丰富有效养分不足、物理性状好、通体壤质、良好、透水透气等，土壤肥力低，耕层土壤养分见表3-17。据表层质地、土体构型划分卧淡栗褐土、底黑淡栗褐土2个土种。典型剖面采自马道头乡马道头村的耕地上，理化性状见表3-16。

表3-16 黄土状淡栗褐土耕地土壤养分统计表

单位：克/千克、毫克/千克

项目	全氮	有机质	有效磷	速效钾	缓效钾	有效铜
最大值	29.63	1.08	21.75	166.94	820.23	1.47
最小值	6.99	0.42	1.29	31.15	318.38	0.35
平均值	11.58	0.67	4.55	85.88	527.83	0.63
标准差	2.19	0.08	2.11	21.27	70.87	0.15
项目	有效锰	有效锌	有效铁	有效硼	有效钼	有效硫
最大值	12.34	0.61	7.01	0.93	0.18	86.69
最小值	3.03	0.15	1.56	0.16	0.04	4.59
平均值	6.78	0.47	4.38	0.44	0.07	22.89
标准差	1.21	0.16	0.76	0.10	0.02	12.63

注：以上统计结果依据2008—2010年左云县测土配方施肥项目土样化验结果。

表3-17 黄土状淡栗褐土典型剖面理化性状（第二次土壤普查数据）

层次	深度（厘米）	质地	机械组成（%）		有机质（克/千克）	全氮（克/千克）	全磷（克/千克）	pH	碳酸钙（克/千克）	代换量（me/百克土）
			<0.01毫米	<0.001毫米						
1	0～20	轻壤	23.88	13.48	14.56	0.72	0.54	7.9	95.3	7
2	20～50	中壤	29.48	13.48	11.38	0.72	0.44	8.0	100.4	8
3	50～80	中壤	23.48	11.48	7.59	0.52	0.46	7.9	110.4	6
4	80～120	中壤	23.48	11.48	3.79	0.22	0.53	8.0	110.7	5
5	120～150	中壤	21.48	11.88	3.41	0.21	0.49	8.1	110.8	5

（3）洪积淡栗褐土：面积65 355亩，占全县总土地面积的1.44%，耕地面积10 032亩，约占全县总耕地面积的3.31%，分布在张家场、三屯威鲁、威鲁等乡（镇）的洪积扇及倾斜平原上，位于二级阶地的上部，低山和黄土丘陵的下部，基本特性一是土体内砾石，砾石多少决定于土壤所处洪积扇的位置，上部砾石较多，石块较大，下部砾石少且小，心土层砾石较多的土壤，保水性能较差，极易造成漏水漏肥，施肥灌溉上，应该扬长避短，增加施肥灌溉次数，减少每次施肥灌溉的数量；二是分选性差，层次不明显；三是洪积物的物质组成决定于河流或山沟上游的物质组成，北部洪积栗褐土一般以黄土类物质居多，但是，南部山区各种岩石风化的物质占有相当一部分，黄土类物质相对较少；四是

土壤剖面发育程度与洪积扇的形成年代不同有关，年代较长的洪积扇上土壤的发育层次比较明显，通体有强的石灰反应，有机质 7.3～15.6 克/千克，土壤养分见表 3－19。典型剖面采自三屯乡宁鲁村的洪积扇上，海拔 1 050 米，理化性状见表 3－18，该土属划分为洪淡栗黄土 1 个土种。

表 3－18　洪积淡栗褐土耕地土壤养分统计表

单位：克/千克、毫克/千克

项目	全氮	有机质	有效磷	速效钾	缓效钾	有效铜
最大值	15.67	0.90	20.43	164.07	780.37	1.21
最小值	7.32	0.36	1.29	31.15	331.64	0.36
平均值	11.12	0.64	4.19	86.09	529.23	0.61
项目	有效锰	有效锌	有效铁	有效硼	有效钼	有效硫
最大值	12.34	1.30	8.67	0.87	0.38	106.76
最小值	2.76	0.18	1.40	0.21	0.05	8.58
平均值	6.68	0.48	4.24	0.43	0.08	27.85

注：以上统计结果依据 2008—2010 年左云县测土配方施肥项目土样化验结果。

表 3－19　洪积栗褐土典型剖面理化性状（第二次土壤普查数据）

层次	深度（厘米）	质地	机械组成（%）		有机质（克/千克）	全氮（克/千克）	全磷（克/千克）	pH	碳酸钙（克/千克）	代换量（me/百克土）
			<0.01 毫米	<0.001 毫米						
1	0～25	轻壤	27.28	11.48	10.9	0.62	0.47	8.1	117.9	12
2	25～50	轻壤	38.48	17.88	10.3	0.60	0.50	8.2	131	16
3	50～81	轻壤	37.88	15.48	8.73	0.52	0.53	8.2	141.3	14
4	81 以下	沙砾石								

（4）红黄土质淡栗褐土：面积 9 778 亩，占全县总土地面积的 0.49%，耕地面积 19 236 亩，约占全县总耕地面积的 3.31%。与黄土质淡栗褐土交错分布，黄土母质严重侵蚀后，红黄土母质出露地表，形成该土壤，面积较小，和黄土质淡栗褐土比较，质地稍重，黏粒含量稍多，固结性较好，不易被侵蚀，是黄土丘陵区肥力较高的土壤之一，层次比较明显，石灰反应稍弱，有机质 6.5～15 克/千克，土壤养分见表 3－20。典型剖面采自云新镇南家堡村，理化性状见表 3－21，该土属划分为少砾轻壤轻度侵蚀耕种红黄土质栗钙土性土 1 个土种。

表 3－20　红黄土质淡栗褐土耕地土壤养分统计表

单位：克/千克、毫克/千克

项目	全氮	有机质	有效磷	速效钾	缓效钾	有效铜
最大值	15.67	0.83	13.73	146.74	800.30	1.40
最小值	7.32	0.44	1.62	47.49	367.60	0.39

（续）

项目	全氮	有机质	有效磷	速效钾	缓效钾	有效铜
平均值	11.65	0.66	4.17	87.74	574.25	0.59
标准差	1.39	0.09	1.76	17.98	84.22	0.15
项目	有效锰	有效锌	有效铁	有效硼	有效钼	有效硫
最大值	13.00	1.47	7.34	1.43	0.10	70.06
最小值	4.63	0.16	2.39	0.17	0.04	7.44
平均值	6.82	0.42	4.57	0.45	0.07	21.30
标准差	0.98	0.16	0.79	0.13	0.01	11.88

注：以上统计结果依据 2008—2010 年左云县测土配方施肥项目土样化验结果。

表 3-21　红黄土质淡栗褐土典型剖面理化性状（第二次土壤普查数据）

层次	深度（厘米）	质地	机械组成（%）		有机质（克/千克）	全氮（克/千克）	全磷（克/千克）	pH	碳酸钙（克/千克）	代换量（me/百克土）
			<0.01 毫米	<0.001 毫米						
1	0～20	轻壤	28.28	10.48	8.83	0.48	0.53	8.0	33.5	12
2	20～45	中壤	27.48	15.88	4.38	0.47	0.50	7.9	111.0	14
3	45～81	中壤	26.88	16.48	3.25	0.45	0.52	8.2	101.0	15

（5）灌淤淡栗褐土：主要分布于三屯一带洪积扇中下部和洪积平原上，面积 8 529 亩，约占全县总土地面积的 0.43%。耕地面积 8 918 亩，约占全县总耕地面积的 1.54%。主要特征一是土地平整，灌溉条件良好，为全县肥力最高的土壤，养分状况见表 3-20；二是土层深厚，土壤养分丰富，理化性状良好，作物产量大部分在 300 千克/亩以上；三是土体构型良好，一般为通体壤质，团块状结构居多，部分高产土壤为团粒状结构；四是灌溉影响较深，可达 50～60 厘米，灌溉层次分明。依据土体构型不同，划分为淤栗褐土 1 个土种，土壤养分见表 3-22。典型剖面采自三屯乡三屯村，理化性状见表 3-23。

表 3-22　灌淤淡栗褐土耕地土壤养分统计表

单位：克/千克、毫克/千克

项目	全氮	有机质	有效磷	速效钾	缓效钾	有效铜
最大值	22.98	0.82	13.4	154.3	760.4	0.87
最小值	7.32	0.39	1.0	60.8	417.4	0.42
平均值	12.16	0.60	4.7	96.0	564.7	0.62
标准差	3.76	0.11	2.4	16.4	64.5	0.10
项目	有效锰	有效锌	有效铁	有效硼	有效钼	有效硫
最大值	12.34	1.91	7.0	0.67	0.07	70.1
最小值	4.09	0.22	3.0	0.29	0.05	9.7

（续）

项目	有效锰	有效锌	有效铁	有效硼	有效钼	有效硫
平均值	6.80	0.57	4.3	0.44	0.06	28.2
标准差	1.60	0.25	0.8	0.07	0.00	13.1

注：以上统计结果依据2008—2010年左云县测土配方施肥项目土样化验结果。

表3-23　灌淤淡栗褐土典型剖面理化性状（第二次土壤普查数据）

层次	深度（厘米）	质地	机械组成（%）		有机质（克/千克）	全氮（克/千克）	全磷（克/千克）	pH	碳酸钙（克/千克）	代换量（me/百克土）
			<0.01毫米	<0.001毫米						
1	0～17	中壤	31.88	13.48	9.67	0.55	0.75	7.9	76	17
2	17～43	轻壤	29.48	14.28	7.24	0.48	0.68	8.0	85	14
3	43～64	重壤	48.88	22.08	7.37	0.49	0.66	8.1	112	23
4	64～90	沙壤	15.88	15.88	6.32	0.39	0.61	8.0	49	10
5	90～110	轻壤	20.48	13.88	9.20	0.35	0.54	8.1	62	12
6	110～150	中壤	38.08	18.48	6.95	0.32	0.52	8.1	56	14

（三）潮土土类

潮土是全县较大的隐域性土壤，面积154 828亩，占全县总土地面积的7.85%。耕地面积63 725亩，约占全县总耕地面积的10.97%。主要分布在十里河、元子河、淤泥河两岸一级阶地和高河漫滩上，成土条件主要是地下水埋藏浅，受年间降水不均的影响，夏季多雨季节，河流两岸地下水位升高，土壤底土层或心土层处于水分饱和之中，由于土壤毛管水上渗，土体多种通气孔被水占据，通气状况不良，土壤处于嫌气状态之下，氧化还原点位降低，土壤中铁、锰等离子还原成低价铁、锰离子，溶于水中发生移动，秋冬季节地下水位降低，土壤通气状况改善，铁、锰离子氧化成高价离子而淀积，地下水频繁升降，氧化还原交替进行，土体铁、锰离子附着在土壤胶体表面，形成锈纹锈斑，发生草甸化过程；春秋季节，蒸发远远大于降水，地下水中盐分随地下水蒸发留余地表，形成盐化潮土；潮土一般生长又喜湿的草甸植被，根系发达，生长量大，根深叶茂，土体嫌气状态下，有利于有机质的积累，所以，土壤腐殖化过程相对较强，加上施肥较多，有机质一般较高，但是，盐碱危害严重的地块，植物难以很好的生长，有机质的含量较低。左云县有潮土、盐化潮土2个亚类，2个土属包括苏打盐化潮土、洪冲积潮土。

成土母质均为近代河流中的冲洪积物，质地差异较大，沉积物质错综复杂，土体构型种类繁多，沉积层理明显，土壤发生层次不太明显。生长的植被为草甸植被如寸草、野芦苇、灰蓼、芨芨草、节节草、车前草、蒲公英、水稗等。

1. 潮土亚类　分布在十里河、元子河、淤泥河周边乡村的一级、二级阶地及洪积扇下缘，面积120 968亩，占总土地面积的6.17%。耕地面积49 265亩，约占全县总耕地面积的8.49%。潮土为本土类之典型亚类，在成土过程中，主要受地下水影响，潜水流动为畅通，地下水质较好，在季节性性干旱和降雨的影响下，地下水位上下移动，发生氧化还原过程—草甸化过程，因而土体中锈纹锈斑明显。

左云县潮土亚类只有洪冲积潮土1个土属。成土母质为河流洪积物和冲积物，土体水分含量高，形成周期性积水，水质淡，矿化度较低，一般0.5～1.0克/升。土层深厚，层次明显，理化性状良好。耕层土壤养分统计见表3-24；典型剖面采自王官屯镇马官屯村东滩地，海拔1 020米，理化性状见表3-25。

依据潮土土体构型不同，划分为蒙金洪潮土、耕洪潮土、底砾洪潮土3个土种。

表3-24 洪冲积潮土耕地土壤养分统计表

单位：克/千克、毫克/千克

项目	全氮	有机质	有效磷	速效钾	缓效钾	有效铜
最大值	15.7	0.90	20.4	164.1	780.4	1.21
最小值	7.3	0.36	1.3	31.2	331.6	0.36
平均值	11.1	0.64	4.2	86.1	529.2	0.61
标准差	1.3	0.09	2.0	19.5	68.3	0.14
项目	有效锰	有效锌	有效铁	有效硼	有效钼	有效硫
最大值	12.34	1.30	8.67	0.87	0.38	106.8
最小值	2.76	0.18	1.40	0.21	0.05	8.6
平均值	6.68	0.48	4.24	0.43	0.08	27.9
标准差	1.26	0.16	0.87	0.09	0.03	18.7

注：以上统计结果依据2008—2010年左云县测土配方施肥项目土样化验结果。

表3-25 洪冲积潮土典型剖面理化性状（第二次土壤普查数据）

层次	深度（厘米）	质地	机械组成（%）		有机质（克/千克）	全氮（克/千克）	全磷（克/千克）	pH	碳酸钙（克/千克）	代换量（me/百克土）
			<0.01毫米	<0.001毫米						
1	0～23	沙壤	16.28	8.28	6.89	0.36	0.59	7.9	75	6
2	23～40	轻壤	28.28	18.28	8.08	0.42	0.56	8.0	110	7
3	40～80	中壤	37.28	26.28	7.2	0.39	0.51	8.0	102	6
4	80～121	中壤	30.28	24.28	6.01	0.34	0.59	8.1	85	6
5	121～150	沙壤	10.28	6.28	2.12	0.10	0.55	8.2	88	6

2. 盐化潮土亚类 左云县盐碱地面积不大，盐化潮土面积只有33 860亩，占全县总土地面积的1.72%，都为轻度盐化潮土。耕地面积14 660亩，约占全县总耕地面积的2.49%。主要分布在十里河两岸的云新镇、小京庄、张家场等乡（镇）。地下水位较高，水流不畅，且地下水矿化度较高，草甸化过程中附加了盐渍化过程。当潮土耕层含盐量超过2克/千克以上，地表出现数量不等的盐斑，影响到作物的正常生长，就划分为盐化潮土，表层含盐量≥2克/千克，作物缺苗率≥10%，主要改造方法一是工程措施降低地下

水位，如打井灌溉、挖排水渠等；增施有机肥和酸性肥料，提高土壤肥力，增加作物和土壤的抗盐性；使用化学改良剂，代换土壤胶体上的钠离子，减少钠离子的危害。根据盐分组成，划分为苏打盐化潮土 1 个土属。

苏打盐化潮土常与潮土呈斑状复区存在。盐分组成以苏打和小苏打为主（CO_3^{2-} 和 HCO_3^-），地表有 1～2 厘米为灰白色或发黄的坚薄层结壳，像瓦片一样，俗称为马尿碱土或瓦碱土。由于土壤中含有较多的苏打和代换性钠，土壤胶体被分散，湿时泥泞干时坚硬，严重板结，不良的物理性状对作物危害很大，土壤通气性不良，影响作物根系的发育，引起根系“窒息”，不能进行营养供应而干枯。该土壤的改良在降低地下水位的同时，必须有化学改良剂和大量有机肥的投入，用大量的钙、镁离子代换钠离子，才能取得好的效果。耕地土壤养分见表 3－26。典型剖面采自张家场乡清水河村，海拔 1 120 米，理化性状见表 3－27。苏打盐化潮土只有轻苏打盐潮土 1 个土种。

表 3－26　苏打盐化潮土耕层土壤养分统计表

单位：克/千克、毫克/千克

项目	全氮	有机质	有效磷	速效钾	缓效钾	有效铜
最大值	17.3	0.75	8.1	157.3	780.4	0.97
最小值	7.7	0.42	1.3	47.5	417.4	0.38
平均值	11.0	0.62	3.6	96.3	579.7	0.55
标准差	1.3	0.08	1.1	20.5	63.5	0.09
项目	有效锰	有效锌	有效铁	有效硼	有效钼	有效硫
最大值	15.00	0.97	6.01	1.58	0.14	76.71
最小值	4.36	0.15	2.06	0.10	0.05	12.96
平均值	6.85	0.43	4.00	0.42	0.07	26.08
标准差	1.25	0.15	0.60	0.14	0.02	12.76

注：以上统计结果依据 2008—2010 年左云县测土配方施肥项目土样化验结果。

表 3－27　苏打盐化潮土剖面理化性状（第二次土壤普查数据）

层次	深度（厘米）	质地	机械组成（%）		有机质（克/千克）	全氮（克/千克）	全磷（克/千克）	pH	碳酸钙（克/千克）	代换量（me/百克土）
			<0.01 毫米	<0.001 毫米						
1	0～23	沙壤	16.28	10.88	7.64	0.49	0.49	8.3	60	7
2	23～50	沙壤	15.28	8.88	5.51	0.47	0.47	8.5	75	7
3	50～77	沙壤	15.88	8.68	4.18	0.45	0.48	8.4	65	10
4	77～110	沙壤	13.08	7.48	4.33	0.23	0.53	8.3	56	10
5	110～150	沙土	7.48	4.88	1.84	0.12	0.42	8.3	55	9

第二节 有机质及大量元素

一、含量与分布

土壤大量元素背景值的表达方式以各统计单元养分汇总结果的算术平均值和标准差来表示，分别以单体 N、P_2O_5、K_2O 表示。表示单位：有机质、全氮用克/千克表示，有效磷、速效钾、缓效钾用毫克/千克表示。

土壤有机质、全氮、有效磷、速效钾等以《山西省耕地土壤养分含量分级参数表》为标准分 6 个级别，见表 3－28。

表 3－28 山西省耕地地力土壤养分耕地标准

级别	Ⅰ	Ⅱ	Ⅲ	Ⅳ	Ⅴ	Ⅵ
有机质（克/千克）	>25.00	20.01～25.00	15.01～20.00	10.01～15.00	5.01～10.00	≤5.00
全氮（克/千克）	>1.50	1.201～1.50	1.001～1.200	0.701～1.000	0.501～0.700	≤0.50
有效磷（毫克/千克）	>25.00	20.01～25.00	15.1～20.0	10.1～15.0	5.1～10.0	≤5.0
速效钾（毫克/千克）	>250	201～250	151～200	101～150	51～100	≤50
缓效钾（毫克/千克）	>1200	901～1200	601～900	351～600	151～350	≤150
阳离子代换量（厘摩尔/千克）	>20.00	15.01～20.00	12.01～15.00	10.01～12.00	8.01～10.00	≤8.00
有效铜（毫克/千克）	>2.00	1.51～2.00	1.01～1.51	0.51～1.00	0.21～0.50	≤0.20
有效锰（毫克/千克）	>30.00	20.01～30.00	15.01～20.00	5.01～15.00	1.01～5.00	≤1.00
有效锌（毫克/千克）	>3.00	1.51～3.00	1.01～1.50	0.51～1.00	0.31～0.50	≤0.30
有效铁（毫克/千克）	>20.00	15.01～20.00	10.01～15.00	5.01～10.00	2.51～5.00	≤2.50
有效硼（毫克/千克）	>2.00	1.51～2.00	1.01～1.50	0.51～1.00	0.21～0.50	≤0.20
有效钼（毫克/千克）	>0.30	0.26～0.30	0.21～0.25	0.16～0.20	0.11～0.15	≤0.10
有效硫（毫克/千克）	>200.00	100.1～200	50.1～100.0	25.1～50.0	12.1～25.0	≤12.0
有效硅（毫克/千克）	>250.0	200.1～250.0	150.1～200.0	100.1～150.0	50.1～100.0	≤50.0
交换性钙（克/千克）	>15.00	10.01～15.00	5.01～10.0	1.01～5.00	0.51～1.00	≤0.50
交换性镁（克/千克）	>1.00	0.76～1.00	0.51～0.75	0.31～0.50	0.06～0.30	≤0.05

（一）有机质

左云县耕地土壤有机质含量变化为 1.4～36.2 克/千克，平均值为 11.2 克/千克，属四级水平。

（1）不同行政区域：店湾镇平均值最高，为 19.0 克/千克；其次是水窑乡，平均值为 13.24 克/千克；最低是小京庄和张家场，平均值为 10.14 克/千克和 10.58 克/千克。

（2）不同地形部位：中低山平均值最高，为 13.46 克/千克；其次洪积扇，平均值为 12.88 克/千克；最低是河漫滩，平均值为 10.92 克/千克。

（3）不同母质：坡积物平均值最高，为 15.19 克/千克；其次是洪积物，平均值为 12.84 克/千克；最低是冲积母质，平均值为 10.89 克/千克。

（4）不同土壤类型：黄土质栗褐土最高，平均值为 15.42 克/千克；苏打盐化潮土最低，平均值为 11.03 克/千克。见表 3－29。

表 3－29　左云县大田土壤养分有机质统计表　　单位：克/千克

统计项目		最大值	最小值	平均值	标准差	变异系数
乡（镇）	店湾镇	33.59	11.33	19.00	2.50	0.13
	管家堡	16.33	8.97	12.79	1.29	0.10
	马道头	18.64	7.32	11.96	2.25	0.19
	鹊儿山镇	13.31	8.64	10.42	0.71	0.07
	三屯	21.99	7.98	11.20	1.04	0.09
	水窑	22.65	7.98	13.24	3.54	0.27
	小京庄	14.96	7.98	10.14	0.92	0.09
	云兴镇	17.98	6.33	10.68	1.37	0.13
	张家场	23.31	6.99	11.58	1.85	0.16
土壤类型	铁铝质栗褐土	14.63	9.63	11.33	0.84	0.07
	沙泥质栗褐土	21.99	7.65	12.73	3.47	0.27
	黄土质淡栗褐土	33.59	6.33	12.06	3.33	0.28
	黄土质栗褐土	26.99	7.98	15.42	3.66	0.24
	红黄土质淡栗褐土	15.67	7.32	11.65	1.39	0.12
	洪积淡栗褐土	16.33	11.99	14.52	0.97	0.07
	黄土状淡栗褐土	29.63	6.99	11.58	2.19	0.19
	灌淤淡栗褐土	22.98	7.32	12.16	3.76	0.31
	洪冲积潮土	15.67	7.32	11.12	1.34	0.12
	苏打盐化潮土	17.32	7.65	11.03	1.34	0.12
地形部位	中低山	26.99	7.98	13.46	3.47	0.26
	丘陵	33.59	6.33	12.02	3.19	0.27
	洪积扇	16.33	9.30	12.88	1.81	0.14
	阶地	29.63	6.99	11.39	2.13	0.19
	河漫滩	15.34	7.65	10.92	1.32	0.12
土壤母质	残积物	21.99	7.98	12.33	2.85	0.23
	坡积物	21.66	7.98	15.19	4.44	0.29
	洪积物	15.34	11.00	12.84	1.24	0.10
	黄土母质	33.59	6.33	12.28	3.38	0.28
	黄土状母质	29.63	6.99	11.54	2.11	0.18
	红土母质	15.34	8.97	11.44	1.73	0.15
	冲积母质	17.32	7.32	10.89	1.20	0.11
	风沙母质	22.98	7.32	12.38	4.74	0.38

注：以上统计结果依据 2008—2010 年左云县测土配方施肥项目土样化验结果。

（二）全氮

左云县土壤全氮含量变化范围为 0.18～1.49 克/千克，平均值为 0.63 克/千克，属五级水平。

（1）不同行政区域：店湾镇和管家堡平均值最高，为 0.75 克/千克；最低是云新镇和鹊儿山镇，平均值为 0.56 克/千克和 0.48 克/千克。

（2）不同地形部位：洪积扇平均值最高，为 0.74 克/千克；最低是河漫滩，平均值为 0.62 克/千克。

（3）不同母质：洪积物平均值最高，为 0.76 克/千克；其次是坡积物，平均值为 0.68 克/千克；最低是风沙母质，平均值为 0.57 克/千克。

（4）不同土壤类型：洪积淡栗褐土和黄土质栗褐土最高，平均值为 0.79 克/千克和 0.68 克/千克；最低是苏打盐化潮土，平均值为 0.62 克/千克。见表 3－30。

表 3－30　左云县大田土壤养分全氮统计表　　单位：克/千克

统计项目		最大值	最小值	平均值	标准差	变异系数
乡（镇）	店湾镇	1.08	0.47	0.75	0.055	0.073
	管家堡	0.98	0.41	0.75	0.079	0.106
	马道头	0.90	0.41	0.62	0.060	0.096
	鹊儿山镇	0.72	0.38	0.48	0.065	0.136
	三屯	0.90	0.42	0.68	0.050	0.073
	水窑	0.93	0.52	0.64	0.046	0.073
	小京庄	0.90	0.46	0.65	0.051	0.078
	云兴镇	0.82	0.36	0.56	0.068	0.121
	张家场	0.90	0.44	0.66	0.055	0.084
土壤类型	铁铝质栗褐土	0.87	0.62	0.70	0.032	0.046
	沙泥质栗褐土	0.88	0.42	0.66	0.077	0.118
	黄土质淡栗褐土	1.05	0.38	0.64	0.094	0.146
	黄土质栗褐土	0.78	0.44	0.68	0.063	0.094
	红黄土质淡栗褐土	0.83	0.44	0.66	0.085	0.128
	洪积淡栗褐土	0.90	0.46	0.79	0.073	0.092
	黄土状淡栗褐土	1.08	0.42	0.67	0.079	0.117
	灌淤淡栗褐土	0.82	0.39	0.60	0.107	0.180
	洪冲积潮土	0.90	0.36	0.64	0.093	0.145
	苏打盐化潮土	0.75	0.42	0.62	0.077	0.125
地形部位	中低山	0.88	0.42	0.67	0.064	0.094
	丘陵	1.05	0.38	0.65	0.094	0.146
	洪积扇	0.90	0.46	0.74	0.080	0.108
	阶地	1.08	0.36	0.65	0.083	0.127
	河漫滩	0.90	0.41	0.62	0.086	0.140

（续）

统计项目		最大值	最小值	平均值	标准差	变异系数
母质	残积物	0.90	0.41	0.67	0.066	0.099
	坡积物	0.77	0.50	0.68	0.083	0.122
	洪积物	0.90	0.46	0.76	0.072	0.096
	黄土母质	1.05	0.38	0.65	0.091	0.140
	黄土状母质	1.08	0.42	0.67	0.081	0.120
	红土母质	0.88	0.42	0.64	0.133	0.209
	冲积母质	0.83	0.36	0.61	0.088	0.144
	风沙母质	0.82	0.39	0.57	0.132	0.230

注：以上统计结果依据2008—2010年左云县测土配方施肥项目土样化验结果。

（三）有效磷

左云县有效磷含量变化范围为0.3～46.9毫克/千克，平均值为4.33毫克/千克，属四级水平。

（1）不同行政区域：店湾镇平均值最高，为12.84毫克/千克；其次是三屯乡，平均值为5.55毫克/千克；最低是马道头和小京庄，平均值为3.56毫克/千克。

（2）不同地形部位：中低山、丘陵、洪积扇、一级、二级阶地和河漫滩有效磷含量分别为7.6毫克/千克、5.2毫克/千克、4.6毫克/千克、4.5毫克/千克和4.0毫克/千克。

（3）不同母质：最高是坡积物，平均值为10.7毫克/千克；其次是残积物，平均值为5.8毫克/千克；最低是冲积物，平均值为3.7毫克/千克。

（4）不同土壤类型：黄土质栗褐土平均值最高，为8.93毫克/千克；最低是苏打盐化潮土，平均值为3.62毫克/千克。见表3-31。

表3-31　左云县大田土壤养分有效磷统计表　　单位：毫克/千克

统计项目		最大值	最小值	平均值	标准差	变异系数
乡（镇）	店湾镇	29.72	2.61	12.84	4.18	0.33
	管家堡	20.43	1.95	5.51	1.90	0.34
	马道头	21.75	0.63	3.56	2.05	0.58
	鹊儿山镇	8.07	2.28	3.96	0.89	0.22
	三屯	21.75	1.29	5.55	2.19	0.39
	水窑	19.39	2.28	6.23	3.23	0.52
	小京庄	17.41	1.29	3.56	1.66	0.47
	云兴镇	12.08	1.62	3.97	1.37	0.34
	张家场	17.41	1.29	4.36	1.87	0.43
土壤类型	铁铝质栗褐土	10.00	3.93	6.85	1.87	0.27
	沙泥质栗褐土	20.10	1.29	6.27	4.61	0.74
	黄土质淡栗褐土	29.72	0.63	5.35	3.65	0.68

（续）

统计项目		最大值	最小值	平均值	标准差	变异系数
土壤类型	黄土质栗褐土	22.41	1.29	8.93	5.27	0.59
	红黄土质淡栗褐土	13.73	1.62	4.17	1.76	0.42
	洪积淡栗褐土	10.10	2.61	5.29	1.64	0.31
	黄土状淡栗褐土	21.75	1.29	4.55	2.11	0.46
	灌淤淡栗褐土	13.40	0.96	4.71	2.41	0.51
	洪冲积潮土	20.43	1.29	4.19	2.05	0.49
	苏打盐化潮土	8.07	1.29	3.62	1.12	0.31
地形部位	中低山	22.41	1.29	7.56	4.49	0.59
	丘陵	29.72	0.63	5.23	3.48	0.67
	洪积扇	16.09	1.62	4.59	2.15	0.47
	阶地	21.75	1.29	4.49	2.34	0.52
	河漫滩	14.72	1.62	3.96	1.58	0.40
土壤母质	残积物	20.10	1.29	5.83	3.86	0.66
	坡积物	17.74	2.61	10.71	5.85	0.55
	洪积物	11.75	2.28	4.88	1.87	0.38
	黄土母质	29.72	0.63	5.63	3.81	0.68
	黄土状母质	20.43	1.29	4.66	2.32	0.50
	红土母质	8.07	3.27	4.79	1.02	0.21
	冲积母质	9.72	1.29	3.71	1.26	0.34
	风沙母质	10.00	0.96	4.52	2.68	0.59

注：以上统计结果依据 2008—2010 年左云县测土配方施肥项目土样化验结果。

（四）速效钾

左云县土壤速效钾含量变化范围为 32～243 毫克/千克，平均值 87.6 毫克/千克，属五级水平。

（1）不同行政区域：店湾镇最高，平均值为 111.7 毫克/千克；其次是张家场乡，平均值为 100.77 毫克/千克；最低是管家堡乡，平均值为 70.9 毫克/千克。

（2）不同地形部位的速效钾平均值相差较小：中低山平均值最高，为98.4 毫克/千克；其次是丘陵，平均值为 93.5 毫克/千克；最低是山前倾斜平原和洪积扇，平均值为 81.4 毫克/千克。

（3）不同母质：最高为残积物，平均值为 101.5 毫克/千克；其次为红黏土母质，平均值为 97.4 毫克/千克；最低是黄土状母质，平均值为 84.4 毫克/千克。

（4）不同土壤类型：铁铝质栗褐土最高，平均值为 115.6 毫克/千克；最低是洪积淡栗褐土，平均值为 78.9 毫克/千克。见表 3－32。

表 3-32　左云县大田土壤养分速效钾统计表　　单位：毫克/千克

统计项目		最大值	最小值	平均值	标准差	变异系数
乡（镇）	店湾镇	227.14	57.53	111.70	20.69	0.19
	管家堡	133.67	27.89	70.85	17.30	0.24
	马道头	227.14	54.27	86.37	19.11	0.22
	鹊儿山镇	133.67	70.60	100.64	10.14	0.10
	三屯	223.87	44.22	98.44	22.31	0.23
	水窑	133.67	47.49	73.47	14.72	0.20
	小京庄	250.00	37.69	88.61	20.74	0.23
	云兴镇	210.80	44.22	90.61	17.43	0.19
	张家场	164.07	54.27	100.77	18.34	0.18
土壤类型	铁铝质栗褐土	223.87	73.87	115.59	15.14	0.13
	沙泥质栗褐土	210.80	44.22	89.85	19.96	0.22
	黄土质淡栗褐土	250.00	27.89	94.61	22.79	0.24
	黄土质栗褐土	130.40	47.49	94.53	18.90	0.20
	红黄土质淡栗褐土	146.74	47.49	87.74	17.98	0.20
	洪积淡栗褐土	133.67	50.00	78.93	14.34	0.18
	黄土状淡栗褐土	236.94	31.15	85.88	21.27	0.25
	灌淤淡栗褐土	154.27	60.80	96.04	16.42	0.17
	洪冲积潮土	164.07	31.15	86.09	19.47	0.23
	苏打盐化潮土	167.34	47.49	96.26	20.55	0.21
地形部位	中低山	223.87	47.49	98.36	21.67	0.22
	丘陵	250.00	27.89	93.53	22.84	0.24
	洪积扇	136.94	50.00	81.38	15.89	0.20
	阶地	236.94	40.96	87.86	19.17	0.22
	河漫滩	164.07	31.15	89.85	22.21	0.25
母质	残积物	250.00	54.27	101.48	20.18	0.20
	坡积物	130.40	47.49	93.71	22.04	0.24
	洪积物	136.94	50.00	80.97	17.78	0.22
	黄土母质	227.14	27.89	93.68	22.52	0.24
	黄土状母质	200.00	31.15	84.38	20.75	0.25
	红土母质	130.40	54.27	97.38	21.76	0.22
	冲积母质	167.34	47.49	90.53	18.59	0.21
	风沙母质	154.27	60.80	96.12	18.08	0.19

注：以上统计结果依据 2008—2010 年左云县测土配方施肥项目土样化验结果。

（五）缓效钾

左云县土壤缓效钾变化范围 175～1 780 毫克/千克，平均值为 534 毫克/千克，属四级水平。

（1）不同行政区域，店湾镇平均值最高，为 597.4 毫克/千克；其次是三屯和张家场乡，平均值分为 595 毫克/千克和 594 毫克/千克；管家堡最低，平均值为 469.4 毫克/千克。

（2）不同地形部位：中低山最高，平均值为 595.1 毫克/千克；其次是黄土丘陵，平均值为 550 毫克/千克；最低是洪积扇，平均值为 516.2 毫克/千克。

（3）不同母质：坡积物最高，平均值为 627 毫克/千克；其次是残积物，平均值为 573 毫克/千克；洪积母质最低，平均值为 483 毫克/千克。

（4）不同土壤类型：铁铝质栗褐土最高，平均值为 653.1 毫克/千克；其次是黄土质栗褐土，592.2 毫克/千克；洪积淡栗褐土最低，平均值为 471.9 毫克/千克。见表 3－33。

表 3－33　左云县大田土壤养分缓效钾统计表　　单位：毫克/千克

统计项目		最大值	最小值	平均值	标准差	变异系数
乡（镇）	店湾镇	860	384	597	80.0	0.13
	管家堡	681	345	469	42.2	0.09
	马道头	701	368	532	58.5	0.11
	鹊儿山镇	600	417	511	31.4	0.06
	三屯	1 120	384	595	98.2	0.17
	水窑	681	451	554	37.5	0.07
	小京庄	701	368	500	44.6	0.09
	云兴镇	860	417	584	60.2	0.10
	张家场	780	318	594	64.7	0.11
土壤类型	铁铝质栗褐土	921	467	653	91.4	0.14
	沙泥质栗褐土	721	401	550	71.0	0.13
	黄土质淡栗褐土	900	368	554	78.1	0.14
	黄土质栗褐土	780	484	592	73.6	0.12
	红黄土质淡栗褐土	800	368	574	84.2	0.15
	洪积淡栗褐土	550	401	472	28.1	0.06
	黄土状淡栗褐土	1 120	318	528	70.9	0.13
	灌淤淡栗褐土	760	417	565	64.5	0.11
	洪冲积潮土	780	332	529	68.3	0.13
	苏打盐化潮土	780	417	580	63.5	0.11
地形部位	中低山	921	401	595	88.3	0.15
	丘陵	900	368	550	78.6	0.14
	洪积扇	780	401	516	67.5	0.13
	阶地	1 120	318	542	71.0	0.13
	河漫滩	741	332	545	72.4	0.13

（续）

统计项目		最大值	最小值	平均值	标准差	变异系数
母质	残积物	921	368	573	89.8	0.16
	坡积物	840	484	627	81.3	0.13
	洪积物	780	401	483	79.4	0.16
	黄土母质	1 120	368	559	80.9	0.14
	黄土状母质	860	318	531	70.0	0.13
	红土母质	760	417	514	62.1	0.12
	冲积母质	741	401	554	62.8	0.11
	风沙母质	601	417	527	37.1	0.07

注：以上统计结果依据2008—2010年左云县测土配方施肥项目土样化验结果。

二、分级论述

（一）有机质

Ⅰ级　有机质含量为25.0克/千克以上，面积为684.6亩，占总耕地面积的0.12%，主要分布于水窑、三屯等乡（镇）的中低山上。

Ⅱ级　有机质含量为20.01～25克/千克，面积为16 775.7亩，占总耕地面积的2.89%。主要分布在水窑、三屯、管家堡等乡（镇）的中低山上。

Ⅲ级　有机质含量为15.01～20.0克/千克，面积为47 753.2亩，占总耕地面积的8.2%。主要分布店湾镇、管家堡、水窑的低山区和云新镇、小京庄、张家场等乡（镇）的高产蔬菜地上。

Ⅳ级　有机质含量为10.01～15.0克/千克，面积为371 896.4亩，占总耕地面积的64.1%，广泛分布在全县的各个乡（镇）。

Ⅴ级　有机质含量为5.01～10.1克/千克，面积为143 326.4亩，占总耕地面积的24.7%。主要分布在黄土丘陵、洪积扇、二级阶地上。

Ⅵ级　全县无分布。

（二）全氮

Ⅰ级、Ⅱ级　左云县分布面积很小，没有统计。

Ⅲ级　全氮含量为1.001～1.20克/千克，面积为44.6亩，占总耕地面积的0.008%。

Ⅳ级　全氮含量为0.701～1.000克/千克，面积为9 429.7亩，占总耕地面积的15.8%。主要分布在店湾、管家堡、三屯等乡（镇）。

Ⅴ级　全氮含量为0.501～0.70克/千克，面积为454 214.4亩，占总耕地面积的78.3%，广泛分布在全县的各个乡（镇）。

Ⅵ级　全氮含量小于0.5克/千克，面积为34 744.5亩，占总耕地面积的6.0%。主要分布在黄土丘陵、洪积扇、二级阶地上。

（三）有效磷

Ⅰ级　有效磷含量大于 25.00 毫克/千克。全县面积 396.4 亩，占总耕地面积的 0.07%。主要分布于管家堡、水窑、三屯等乡（镇）。

Ⅱ级　有效磷含量在 20.1～25.00 毫克/千克。全县面积 575.2 亩，占总耕地面积的 0.1%。主要分布在管家堡、水窑、三屯等乡（镇）。

Ⅲ级　有效磷含量在 15.1～20.1 毫克/千克，全县面积 16 024.8 亩，占总耕地面积的 2.76%。主要分布在管家堡、水窑、三屯、云新、小京庄等乡（镇）的高产水地和中高产旱地上。

Ⅳ级　有效磷含量在 10.1～15.0 毫克/千克。全县面积 26 954.4 亩，占总耕地面积的 4.6%。主要分布在管家堡、水窑、三屯、云新、小京庄等乡（镇）的高产水地和中高产旱地上。

Ⅴ级　有效磷含量在 5.1～10.0 毫克/千克。全县面积 151 264.9 亩，占总耕地面积的 26.1%。广泛分布在全县各乡（镇）的中产田和施肥相对加多、离村较近的耕地上。

Ⅵ级　有效磷含量小于 5.0 毫克/千克，全县面积 385 220.6 亩，占总耕地面积的 66.4%。广泛分布在全县各乡（镇）。

（四）速效钾

Ⅰ级　左云县分布面积很小，全县面积只有 35.3 亩。

Ⅱ级　速效钾含量在 201～250 毫克/千克，全县面积只有 842.1 亩。

Ⅲ级　速效钾含量在 151～200 毫克/千克，全县面积 7 545.5 亩，占总耕地面积的 1.3%。其主要分布在三屯、张家场、马道头等乡（镇）。

Ⅳ级　速效钾含量在 101～150 毫克/千克，全县面积 183 282.9 亩，占总耕地面积的 31.6%。广泛分布在全县各乡（镇）。

Ⅴ级　速效钾含量在 51～100 毫克/千克，全县面积 380 914.9 亩，占总耕地面积的 65.6%。广泛分布在全县各乡（镇）。

Ⅵ级　速效钾含量小于 50 毫克/千克，全县面积 7 815.6 亩，占总耕地面积的 1.35%。

（五）缓效钾

Ⅰ级　左云县分布面积很小，没有统计。

Ⅱ级　缓效钾含量在 901～1 200 毫克/千克，全县面积只有 16.7 亩。

Ⅲ级　缓效钾含量在 601～900 毫克/千克，全县面积 146 734.0 亩，占总耕地面积的 25.3%。其主要分布在三屯、张家场、马道头等乡（镇）。

Ⅳ级　缓效钾含量在 351～600 毫克/千克，全县面积 433 182.9 亩，占总耕地面积的 74.6%。广泛分布在全县各乡（镇）。

Ⅴ级　缓效钾含量为 151～350 毫克/千克，全县面积 502.7 亩，占总耕地面积的 0.08%。其主要分布在全县的洪积扇和河流阶地上。

Ⅵ级　缓效钾含量小于等于 150 毫克/千克，全县无分布。

左云县耕地土壤大量元素分级面积及占耕地面积的百分比见表 3-34。

表 3-34 左云县耕地土壤大量元素分级面积及占耕地面积百分比

类别	Ⅰ		Ⅱ		Ⅲ		Ⅳ		Ⅴ		Ⅵ	
	面积（亩）	%	面积（亩）	%	面积（亩）	%	面积（亩）	%	面积（亩）	%	面积（亩）	%
有机质	685	0.12	16 776	2.89	47 753	8.23	371 896	64.07	143 326	24.69	0	0.00
全氮	0	0.00	0	0.00	45	0.01	91 430	15.75	454 214	78.25	34 747	5.99
有效磷	396	0.07	575	0.10	16 025	2.76	26 954	4.64	151 265	26.06	385 221	66.37
速效钾	35	0.01	842	0.15	7 546	1.30	183 283	31.58	380 915	65.63	7 816	1.35
缓效钾	0	0.00	17	0.00	146 734	25.28	433 183	74.63	503	0.09	0	0.00

注：以上统计结果依据 2008—2010 年左云县测土配方施肥项目土样化验结果。

第三节 中量元素（有效硫）

中量元素（有效硫）的表达方式以各统计单元养分汇总结果的算术平均值和标准差来表示。以单位体 S 表示，单位用毫克/千克来表示。

由于有效硫目前全国范围内仅有酸性土壤临界值，而全县土壤属石灰性土壤，没有临界值标准。因而只能根据养分分量的具体情况进行级别划分，分 6 个级别。

一、含量与分布

左云县土壤有效硫变化范围为 4.6～120 毫克/千克，平均值为 28.93 毫克/千克，属四级水平。见表 3-35。

（1）不同行政区域：云新镇最高，平均值为 46.71 毫克/千克；其次是鹊儿山镇，平均值为 32.01 毫克/千克；最低是三屯乡，平均值为 16.98 克/千克。

（2）不同地形部位：河漫滩有效硫最高，平均值为 30.58 毫克/千克；最低是洪积扇，平均值为 17.52 毫克/千克。

（3）不同母质：冲积母质最高，平均值为 30.04 毫克/千克；其次是风沙母质，平均值为 27.65 毫克/千克；最低是洪积物，平均值为 18.61 毫克/千克。

（4）不同土壤类型：灌淤淡栗褐土最高，平均值为 28.2 毫克/千克；其次是洪冲积潮土，平均值为 27.85 毫克/千克；最低是铁铝质栗褐土，平均值为 15.41 毫克/千克。

表 3-35 左云县大田土壤硫元素统计表

单位：毫克/千克

统计项目		最大值	最小值	平均值	标准差	变异系数
乡（镇）	店湾镇	48.34	8.58	27.52	4.38	0.16
	管家堡	48.34	7.44	19.63	5.58	0.28
	马道头	38.38	12.00	20.71	4.11	0.20

（续）

统计项目		最大值	最小值	平均值	标准差	变异系数
乡（镇）	鹊儿山镇	63.41	18.12	32.01	7.76	0.24
	三屯	120.08	4.59	16.98	6.82	0.40
	水窑	31.74	10.29	20.57	4.39	0.21
	小京庄	66.73	8.58	20.33	6.24	0.31
	云兴镇	113.42	15.54	46.71	15.34	0.33
	张家场	60.08	6.87	19.51	6.32	0.32
土壤类型	铁铝质栗褐土	18.12	13.82	15.41	0.99	0.06
	沙泥质栗褐土	113.42	8.58	23.40	8.73	0.37
	黄土质淡栗褐土	120.08	6.87	25.99	12.26	0.47
	黄土质栗褐土	33.40	13.82	22.36	4.80	0.21
	红黄土质淡栗褐土	70.06	7.44	21.30	11.88	0.56
	洪积淡栗褐土	28.42	13.82	19.09	2.90	0.15
	黄土状淡栗褐土	86.69	4.59	22.89	12.63	0.55
	灌淤淡栗褐土	70.06	9.72	28.20	13.09	0.46
	洪冲积潮土	106.76	8.58	27.85	18.69	0.67
	苏打盐化潮土	76.71	12.96	26.08	12.76	0.49
地形部位	中低山	33.40	10.86	20.00	5.09	0.25
	丘陵	120.08	6.87	25.30	11.64	0.46
	洪积扇	56.75	7.44	17.52	5.72	0.33
	阶地	106.76	4.59	25.17	15.39	0.61
	河漫滩	106.76	8.58	30.58	19.64	0.64
母质	残积物	56.75	12.00	19.52	5.07	0.26
	坡积物	33.40	11.43	23.02	6.72	0.29
	洪积物	38.38	11.43	18.61	5.61	0.30
	黄土母质	120.08	4.59	25.11	11.58	0.46
	黄土状母质	106.76	6.30	24.76	15.40	0.62
	红土母质	41.70	14.68	24.56	7.40	0.30
	冲积母质	106.76	9.15	30.04	18.33	0.61
	风沙母质	56.75	16.40	27.65	8.73	0.32

注：以上统计结果依据2008—2010年左云县测土配方施肥项目土样化验结果。

二、分级论述

Ⅰ级　有效硫含量大于200.0毫克/千克，全县无分布。

Ⅱ级　有效硫含量100.1～200.0毫克/千克，全县面积为547.3亩，占总耕地面积的0.1%。

Ⅲ级　有效硫含量为50.1～100毫克/千克，全县面积为28 969亩，占总耕地面积的5.0%。

Ⅳ级　有效硫含量在25.1～50毫克/千克，全县面积为150 635.3亩，占总耕地面积的26.0%，分布在全鹊儿山、店湾、云新等多个乡（镇）。

Ⅴ级　有效硫含量12.1～25.0毫克/千克，全县面积为390 025.4亩，占总耕地面积的67.2%，分布在全县各个乡（镇）。

Ⅵ级　有效硫含量小于等于12.0毫克/千克，全县面积为10 259亩，占总耕地面积的1.77%，分布在管家堡、马道头、张家场、水窑等乡（镇）。

左云县耕地土壤有效硫分级见表3-36。

表3-36　左云县耕地土壤有效硫分级面积

有效硫分级	Ⅰ	Ⅱ	Ⅲ	Ⅳ	Ⅴ	Ⅵ
面　积（亩）	0	547.3	28 969.0	150 635.3	390 025.4	10 259.3
占耕地的比例（%）	0	0.094	4.991	25.952	67.195	1.768

注：以上统计结果依据2008—2010年左云县测土配方施肥项目土样化验结果。

第四节　微量元素

土壤微量元素背景值的表达方式以各统计单元养分汇总结果的算术平均值和标准差来表示，分别以单体Cu、Zn、Mn、Fe、B、Mo表示。表示单位为毫克/千克。

土壤微量元素参照全省第二次土壤普查的标准，结合全县土壤养分含量状况重新进行划分，各分6个级别。

一、含量与分布

（一）有效铜

左云县土壤有效铜含量变化范围为0.21～1.41毫克/千克，平均值0.56毫克/千克，属四级水平。见表3-37。

（1）不同行政区域：管家堡乡平均值最高，为0.78毫克/千克；其次是水窑乡，平均值为0.77毫克/千克；马道头乡最低，平均值为0.54毫克/千克。

（2）不同地形部位：洪积扇最高，平均值为0.70毫克/千克；其次是中低山，平均值为0.65毫克/千克；最低是河漫滩，平均值为0.59毫克/千克。

（3）不同母质：坡积物最高，平均值为0.72毫克/千克；其次是洪积物，平均值为0.67毫克/千克；最低是冲积母质，平均值为0.56毫克/千克。

（4）不同土壤类型：洪积淡栗褐土最高，平均值为0.86毫克/千克；其次是黄土质栗褐土，平均值为0.66毫克/千克；最低是苏打盐化潮土，平均值为0.55毫克/千克。

表 3-37　左云县大田土壤有效铜统计表　　单位：毫克/千克

统计项目		最大值	最小值	平均值	标准差	变异系数
乡（镇）	店湾镇	1.55	0.40	0.69	0.10	0.15
	管家堡	1.47	0.45	0.78	0.17	0.22
	马道头	0.84	0.35	0.54	0.06	0.10
	鹊儿山镇	0.90	0.47	0.65	0.11	0.17
	三屯	1.08	0.36	0.63	0.11	0.18
	水窑	1.27	0.49	0.77	0.15	0.20
	小京庄	1.11	0.36	0.62	0.09	0.15
	云兴镇	0.80	0.35	0.53	0.07	0.13
	张家场	0.97	0.32	0.56	0.08	0.14
土壤类型	铁铝质栗褐土	0.84	0.49	0.64	0.08	0.13
	沙泥质栗褐土	1.08	0.42	0.65	0.13	0.19
	黄土质淡栗褐土	1.55	0.32	0.62	0.12	0.20
	黄土质栗褐土	1.27	0.42	0.66	0.12	0.18
	红黄土质淡栗褐土	1.40	0.39	0.59	0.15	0.26
	洪积淡栗褐土	1.43	0.67	0.86	0.12	0.14
	黄土状淡栗褐土	1.47	0.35	0.63	0.15	0.23
	灌淤淡栗褐土	0.87	0.42	0.62	0.10	0.17
	洪冲积潮土	1.21	0.36	0.61	0.14	0.23
	苏打盐化潮土	0.97	0.38	0.55	0.09	0.17
地形部位	中低山	1.27	0.42	0.65	0.11	0.17
	丘陵	1.55	0.32	0.62	0.13	0.21
	洪积扇	1.43	0.43	0.70	0.19	0.27
	阶地	1.27	0.35	0.60	0.13	0.22
	河漫滩	1.11	0.36	0.59	0.11	0.19
母质	残积物	0.97	0.42	0.61	0.08	0.14
	坡积物	1.27	0.49	0.72	0.17	0.23
	洪积物	0.84	0.47	0.67	0.12	0.18
	黄土母质	1.55	0.32	0.63	0.13	0.21
	黄土状母质	1.47	0.35	0.63	0.15	0.24
	红土母质	0.97	0.47	0.64	0.13	0.20
	冲积母质	0.97	0.38	0.56	0.10	0.18
	风沙母质	0.87	0.47	0.65	0.10	0.16

注：以上统计结果依据 2008—2010 年左云县测土配方施肥项目土样化验结果。

（二）有效锌

左云县土壤有效锌含量变化范围为0.12～2.3毫克/千克，平均值为0.43毫克/千克，属五级水平。见表3-38。

（1）不同行政区域：水窑乡平均值最高，为0.76毫克/千克；其次是店湾镇，平均值为0.64毫克/千克；最低是马道头乡，平均值为0.41毫克/千克。

（2）不同地形部位：中低山平均值最高，为0.52毫克/千克；其次是丘陵，平均值为0.50毫克/千克；最低是洪积扇，平均值为0.47毫克/千克。

（3）不同母质：坡积物平均值最高，为0.62毫克/千克；最低是红黏土母质，平均值为0.42毫克/千克。

（4）不同土壤类型：洪积淡栗褐土、沙泥质栗褐土最高，平均值为0.57毫克/千克；其次是黄土质栗褐土，平均值为0.56毫克/千克；最低是铁铝质栗褐土，平均值为0.40毫克/千克。

表3-38　左云县大田土壤有效锌统计表　　单位：毫克/千克

统计项目		最大值	最小值	平均值	标准差	变异系数
乡（镇）	店湾镇	1.24	0.15	0.67	0.12	0.17
	管家堡	1.47	0.25	0.53	0.12	0.23
	马道头	1.71	0.13	0.41	0.15	0.37
	鹊儿山镇	0.58	0.24	0.45	0.08	0.17
	三屯	1.24	0.12	0.43	0.11	0.27
	水窑	2.11	0.25	0.76	0.30	0.39
	小京庄	1.81	0.16	0.45	0.15	0.33
	云兴镇	2.30	0.24	0.56	0.17	0.29
	张家场	0.87	0.12	0.42	0.13	0.30
土壤类型	铁铝质栗褐土	0.54	0.35	0.40	0.03	0.08
	沙泥质栗褐土	2.30	0.12	0.57	0.24	0.41
	黄土质淡栗褐土	1.81	0.12	0.50	0.17	0.33
	黄土质栗褐土	1.81	0.13	0.56	0.21	0.38
	红黄土质淡栗褐土	1.47	0.16	0.42	0.16	0.39
	洪积淡栗褐土	0.71	0.35	0.57	0.08	0.13
	黄土状淡栗褐土	1.61	0.15	0.47	0.16	0.34
	灌淤淡栗褐土	1.91	0.22	0.57	0.25	0.44
	洪冲积潮土	1.30	0.18	0.48	0.16	0.33
	苏打盐化潮土	0.97	0.15	0.43	0.15	0.35
地形部位	中低山	2.11	0.13	0.52	0.21	0.41
	丘陵	2.30	0.12	0.50	0.17	0.35
	洪积扇	1.17	0.18	0.47	0.17	0.35
	阶地	1.61	0.15	0.47	0.16	0.33
	河漫滩	1.30	0.18	0.47	0.16	0.34

（续）

统计项目		最大值	最小值	平均值	标准差	变异系数
母质	残积物	1.81	0.12	0.44	0.15	0.34
	坡积物	0.93	0.15	0.62	0.22	0.36
	洪积物	0.64	0.19	0.42	0.13	0.31
	黄土母质	2.30	0.12	0.52	0.19	0.36
	黄土状母质	1.61	0.15	0.49	0.16	0.33
	红土母质	0.64	0.22	0.42	0.09	0.22
	冲积母质	1.30	0.15	0.46	0.15	0.32
	风沙母质	1.40	0.32	0.56	0.15	0.26

注：以上统计结果依据2008—2010年左云县测土配方施肥项目土样化验结果。

（三）有效锰

左云县土壤有效锰含量变化范围为2.8～15毫克/千克，平均值为7.11毫克/千克，属四级水平。

（1）不同行政区域：马道头乡平均值最高，为8.03毫克/千克；其次是云新镇，平均值为7.63毫克/千克；最低是店湾镇，平均值为5.41毫克/千克。

（2）不同地形部位：中低山最高，平均值为6.95毫克/千克；最低是洪积扇，平均值为6.19毫克/千克。

（3）不同母质，残积物最高，平均值为7.22毫克/千克；其次是冲积母质，平均值为6.99毫克/千克；最低是洪积物，平均值为5.62毫克/千克。

（4）不同土壤类型：铁铝质栗褐土最高，平均值为7.44毫克/千克；其次是苏打盐化潮土，平均值为6.85毫克/千克；最低是洪积淡栗褐土，平均值为5.88毫克/千克。见表3-39。

表3-39　左云县大田土壤有有效锰统计表　　单位：毫克/千克

统计项目		最大值	最小值	平均值	标准差	变异系数
乡（镇）	店湾镇	9.67	2.76	5.41	0.96	0.18
	管家堡	13.00	3.03	6.35	1.09	0.17
	马道头	12.34	5.68	8.03	0.85	0.11
	鹊儿山镇	7.01	5.00	6.33	0.32	0.05
	三屯	13.67	4.36	7.17	0.84	0.12
	水窑	9.01	3.56	6.23	1.20	0.19
	小京庄	11.67	3.56	6.72	1.12	0.17
	云兴镇	15.00	2.76	7.63	1.50	0.20
	张家场	9.01	3.56	6.21	0.76	0.12

（续）

统计项目		最大值	最小值	平均值	标准差	变异系数
土壤类型	铁铝质栗褐土	8.34	5.68	7.44	0.43	0.06
	沙泥质栗褐土	10.34	3.56	6.70	1.26	0.19
	黄土质淡栗褐土	13.67	2.76	6.74	1.36	0.20
	黄土质栗褐土	9.67	4.36	6.78	1.00	0.15
	红黄土质淡栗褐土	13.00	4.63	6.82	0.98	0.14
	洪积淡栗褐土	7.67	3.83	5.88	0.91	0.15
	黄土状淡栗褐土	12.34	3.03	6.78	1.21	0.18
	灌淤淡栗褐土	12.34	4.09	6.80	1.60	0.23
	洪冲积潮土	12.34	2.76	6.68	1.26	0.19
	苏打盐化潮土	15.00	4.36	6.85	1.25	0.18
地形部位	中低山	9.67	3.56	6.95	1.05	0.15
	丘陵	15.00	2.76	6.74	1.35	0.20
	洪积扇	9.67	3.83	6.19	0.87	0.14
	阶地	12.34	3.03	6.82	1.18	0.17
	河漫滩	12.34	2.76	6.59	1.36	0.21
母质	残积物	9.67	4.36	7.22	0.90	0.12
	坡积物	7.67	4.36	5.79	0.70	0.12
	洪积物	7.67	3.83	5.62	0.97	0.17
	黄土母质	13.67	2.76	6.71	1.34	0.20
	黄土状母质	11.67	2.76	6.63	1.20	0.18
	红土母质	9.67	4.09	6.72	0.81	0.12
	冲积母质	15.00	4.09	6.99	1.28	0.18
	风沙母质	12.34	4.09	6.80	1.95	0.29

注：以上统计结果依据2008—2010年左云县测土配方施肥项目土样化验结果。

（四）有效铁

左云县土壤有效铁含量变化范围为1.0～10.6毫克/千克，平均值为4.35毫克/千克，属四级水平。

（1）不同行政区域：水窑乡平均值最高，为5.11毫克/千克；其次是管家堡，平均值为4.98毫克/千克；最低是云新镇，平均值为3.8毫克/千克。

（2）不同地形部位：洪积扇最高，平均值为4.88毫克/千克；其次是中低山，平均值为4.52毫克/千克；最低是河漫滩，平均值为3.99毫克/千克。

（3）不同母质：洪积物最高，平均值为4.41毫克/千克；其次是坡积物，平均值为4.40毫克/千克；最低是冲积母质，平均值为3.99毫克/千克。

（4）不同土壤类型：洪积淡栗褐土最高，平均值为5.15毫克/千克；其次是红黄土质淡栗褐土，平均值为4.57毫克/千克；苏打盐化潮土最低，平均值为4.0毫克/千克。见表3-40。

表3-40 左云县大田土壤有效铁统计表 单位：毫克/千克

统计项目		最大值	最小值	平均值	标准差	变异系数
乡（镇）	店湾镇	6.01	2.51	3.92	0.50	0.13
	管家堡	8.00	3.34	4.98	0.67	0.13
	马道头	7.67	2.84	4.28	0.51	0.12
	鹊儿山镇	5.00	3.84	4.54	0.27	0.06
	三屯	7.34	2.06	4.48	0.62	0.14
	水窑	8.00	3.67	5.11	0.78	0.15
	小京庄	8.67	2.06	4.30	0.61	0.14
	云兴镇	19.67	1.40	3.80	0.89	0.23
	张家场	13.34	2.50	4.45	1.08	0.24
土壤类型	铁铝质栗褐土	5.00	3.51	4.53	0.22	0.05
	沙泥质栗褐土	8.00	2.84	4.52	0.82	0.18
	黄土质淡栗褐土	19.67	1.40	4.29	0.85	0.20
	黄土质栗褐土	7.01	3.34	4.44	0.51	0.12
	红黄土质淡栗褐土	7.34	2.39	4.57	0.79	0.17
	洪积淡栗褐土	6.67	3.51	5.15	0.58	0.11
	黄土状淡栗褐土	7.01	1.56	4.38	0.76	0.17
	灌淤淡栗褐土	7.01	3.01	4.31	0.80	0.19
	洪冲积潮土	8.67	1.40	4.24	0.87	0.20
	苏打盐化潮土	6.01	2.06	4.00	0.60	0.15
地形部位	中低山	7.67	3.34	4.52	0.54	0.12
	丘陵	19.67	1.40	4.32	0.81	0.19
	洪积扇	8.67	3.51	4.88	0.72	0.15
	阶地	13.34	1.40	4.35	0.93	0.21
	河漫滩	6.34	2.39	3.99	0.67	0.17
母质	残积物	7.67	3.01	4.39	0.41	0.09
	坡积物	6.34	3.34	4.40	0.77	0.18
	洪积物	5.00	3.51	4.41	0.30	0.07
	黄土母质	19.67	1.40	4.36	0.86	0.20
	黄土状母质	13.00	1.56	4.39	0.88	0.20
	红土母质	5.68	3.17	4.49	0.53	0.12
	冲积母质	6.01	1.40	3.99	0.72	0.18
	风沙母质	5.34	3.17	4.36	0.61	0.14

注：以上统计结果依据2008—2010年左云县测土配方施肥项目土样化验结果。

（五）有效硼

左云县土壤有效硼含量变化范围为 0.10～1.58 毫克/千克，平均值为 0.42 毫克/千克，属五级水平。

（1）不同行政区域：小京庄和马道头乡平均值最高，为 0.48 毫克/千克；其次是鹊儿山镇，平均值为 0.47 毫克/千克；最低是店湾镇，平均值为 0.39 毫克/千克。

（2）不同地形部位：洪积扇平均值最高，为 0.46 毫克/千克；最低是河漫滩，平均值为 0.42 毫克/千克。

（3）不同母质：残积物最高，平均值为 0.48 毫克/千克；其次是洪积物和红土母质，平均值为 0.46 毫克/千克；最低是坡积母质、冲积母质，平均值为 0.42 毫克/千克。

（4）不同土壤类型：洪积淡栗褐土最高，平均值为 0.48 毫克/千克；其次是铁铝质栗褐土、沙泥质栗褐土和红黄土质栗褐土，平均值为 0.45 毫克/千克；最低是黄土质栗褐土，平均值为 0.42 毫克/千克。见表 3－41。

表 3－41　左云县大田土壤有效硼统计表　　　单位：毫克/千克

统计项目		最大值	最小值	平均值	标准差	变异系数
乡（镇）	店湾镇	0.64	0.19	0.39	0.05	0.12
	管家堡	0.67	0.25	0.43	0.05	0.12
	马道头	0.74	0.27	0.48	0.08	0.18
	鹊儿山镇	0.58	0.38	0.47	0.04	0.09
	三屯	0.93	0.21	0.44	0.08	0.18
	水窑	1.58	0.25	0.44	0.13	0.31
	小京庄	1.11	0.27	0.48	0.10	0.22
	云兴镇	1.43	0.16	0.43	0.10	0.22
	张家场	0.80	0.10	0.41	0.09	0.23
土壤类型	铁铝质栗褐土	0.67	0.38	0.45	0.02	0.05
	沙泥质栗褐土	1.00	0.29	0.45	0.08	0.18
	黄土质淡栗褐土	1.37	0.12	0.44	0.09	0.21
	黄土质栗褐土	0.61	0.31	0.42	0.05	0.11
	红黄土质淡栗褐土	1.43	0.17	0.45	0.13	0.28
	洪积淡栗褐土	0.61	0.40	0.48	0.04	0.09
	黄土状淡栗褐土	0.93	0.16	0.44	0.10	0.23
	灌淤淡栗褐土	0.67	0.29	0.44	0.07	0.15
	洪冲积潮土	0.87	0.21	0.43	0.09	0.20
	苏打盐化潮土	1.58	0.10	0.42	0.14	0.34
地形部位	中低山	0.90	0.29	0.44	0.06	0.13
	丘陵	1.37	0.12	0.44	0.09	0.21
	洪积扇	0.84	0.23	0.46	0.10	0.21
	阶地	1.58	0.16	0.44	0.11	0.24
	河漫滩	0.74	0.10	0.42	0.09	0.22

（续）

统计项目		最大值	最小值	平均值	标准差	变异系数
母质	残积物	1.11	0.29	0.48	0.09	0.18
	坡积物	0.64	0.35	0.42	0.06	0.14
	洪积物	0.67	0.36	0.46	0.06	0.14
	黄土母质	1.43	0.12	0.44	0.09	0.21
	黄土状母质	0.93	0.16	0.43	0.09	0.22
	红土母质	0.58	0.35	0.46	0.06	0.13
	冲积母质	1.58	0.10	0.42	0.10	0.25
	风沙母质	0.67	0.29	0.43	0.06	0.14

注：以上统计结果依据2008—2010年左云县测土配方施肥项目土样化验结果。

二、分级论述

（一）有效铜

Ⅰ级、Ⅱ级　面积极小，未统计。

Ⅲ级　有效铜含量在1.01～1.50毫克/千克，全县面积11 162亩，占总耕地面积的1.92%，主要分布在管家堡、水窑、店湾等乡（镇）。

Ⅳ级　有效铜含量0.51～1.00毫克/千克，全县面积499 200亩，占总耕地面积的86.4%，分布在全县各个乡（镇）。

Ⅴ级　有效铜含量0.21～0.50毫克/千克，全县面积70 074亩，占总耕地面积的12.7%。分布在马道头、云新、小京庄、三屯、水窑、张家场、管家堡等乡（镇）。

Ⅵ级　有效铜含量小于0.2毫克/千克，全县无分布。

（二）有效锰

Ⅰ级　有效锰含量大于30毫克/千克，全县无分布。

Ⅱ级　有效锰含量在20.01～30毫克/千克，全县无分布。

Ⅲ级　有效锰含量在15.01～20毫克/千克，全县面积11 161.9亩，占总耕地面积的1.92%，分布在马道头、云新、小京庄等乡（镇）。

Ⅳ级　有效锰含量在5.01～15.00毫克/千克，全县面积499 200.1亩，占总耕地面积的86%，分布在全县各个乡（镇）。

Ⅴ级　有效锰含量在1.01～5.00毫克/千克，全县面积70 074亩，占总耕地面积的12.1%，分布在马道头、云新、小京庄等乡（镇）。

Ⅵ级　有效锰含量小于1.00毫克/千克，全县面积44 900.6亩，占总耕地面积的5%，分布王官屯。

（三）有效锌

Ⅰ级　有效锌含量大于3.00毫克/千克，全县无分布。

Ⅱ级　有效锌含量在1.51～3.00毫克/千克，全县面积1 503亩，占总耕地面积的

0.26%，分布在店湾、水窑、云新等乡（镇）。

Ⅲ级　有效锌含量在1.01～1.50毫克/千克，全县面积4 613亩，占总耕地面积的0.79%，分布在店湾、水窑、云新、三屯、管家堡等乡（镇）。

Ⅳ级　有效锌含量在0.51～1.00毫克/千克，全县面积235 237亩，占总耕地面积的40.5%，分布在全县各个乡（镇）。

Ⅴ级　有效锌含量在0.31～0.50毫克/千克，全县面积292 397.7亩，占总耕地面积的50.38%，分布在全县各个乡（镇）。

Ⅵ级　有效锌含量小于等于0.30毫克/千克，全县面积46 685.8亩，占总耕地面积的8.04%，分布在张家场、马道头、小京庄等乡（镇）。

（四）有效铁

Ⅰ级　有效铁含量大于20.00毫克/千克，全县无分布。

Ⅱ级　有效铁含量在15.01～20.00毫克/千克，全县面积436.8亩，占总耕地面积的0.08%，分布在水窑、管家堡等乡（镇）。

Ⅲ级　有效铁含量在10.01～15.00毫克/千克，全县面积37.6亩，占总耕地面积的0.01%，分布在水窑、管家堡等乡（镇）。

Ⅳ级　有效铁含量在5.01～10.00毫克/千克，全县面积110 649.1亩，占总耕地面积的19.01%，分布在水窑、管家堡、小京庄、店湾等乡（镇）。

Ⅴ级　有效铁含量在2.51～5.00毫克/千克，全县面积465 954.9亩，占总耕地面积的80.28%，分布在全县各个乡（镇）。

Ⅵ级　有效铁含量小于等于2.50毫克/千克，全县面积3 358亩，占总耕地面积的0.58%，大部分分布在王官屯，小部分分布在云新镇、马道头、小京庄等乡（镇）。

（五）有效硼

Ⅰ级　有效硼含量大于2.00毫克/千克，全县无分布。

Ⅱ级　有效硼含量在1.51～2.00毫克/千克，全县面积39.8亩，占总耕地面积的0.1%

Ⅲ级　有效硼含量在1.01～1.50毫克/千克，全县面积1 344.9亩，占总耕地面积的0.23%。

Ⅳ级　有效硼含量在0.51～1.00毫克/千克，全县面积101 089亩，占总耕地面积的17.42%，分布在鹊儿山、小京庄、马道头等乡（镇）。

Ⅴ级　有效硼含量在0.21～0.50毫克/千克，全县面积475 844.5亩，占总耕地面积的82.0%，分布于全县各乡（镇）。

Ⅵ级　有效硼含量小于等于0.20毫克/千克，全县面积2 118亩，占总耕地面积的0.36%。

微量元素土壤分级面积见表3－42。

表3－42　左云县耕地土壤微量元素分级面积

级别		Ⅰ级	Ⅱ级	Ⅲ级	Ⅳ级	Ⅴ级	Ⅵ级
有效锰	面积（亩）	0	0	162.1	527 107.1	53 167.1	0
	占耕地（%）	0	0	0.03	90.81	9.16	0

（续）

级　别		Ⅰ级	Ⅱ级	Ⅲ级	Ⅳ级	Ⅴ级	Ⅵ级
水溶性硼	面积（亩）	0	39.8	1 344.9	101 089	475 844.5	2 118
	占耕地（%）	0	0.01	0.23	17.42	81.98	0.36
有效铁	面积（亩）	0	436.8	37.6	110 649.1	465 954.9	3 358
	占耕地（%）	0	0.08	0.01	19.06	80.28	0.58
有效铜	面积（亩）	0	0.30	11 161.9	499 200.1	70 074	0
	占耕地（%）	0	0	1.92	86	12.07	0
有效锌	面积（亩）	0	1 503.1	4 612.7	235 237	292 397.7	46 685.8
	占耕地（%）	0	0.26	0.79	40.53	50.38	8.04
有效钼	面积（亩）	89.1	138.70	1 676.5	2 241.8	20 421.5	555 868.7
	占耕地（%）	0.02	0.02	0.29	0.39	3.52	95.77

注：以上统计结果依据2008—2010年左云县测土配方施肥项目土样化验结果。

第五节　其他理化性状

一、土壤 pH

左云县耕地土壤pH变化范围为7.8～8.5，平均值为8.27。

（1）不同行政区域：水窑乡最高，pH平均值最高为8.34；其次是管家堡乡，pH平均值为8.3；最低是云新镇，pH平均值为8.25。

（2）不同地形部位：洪积扇pH平均值最高pH为8.29；最低是中低山，pH平均值为8.27。

（3）不同母质：红土母质最高，pH平均值为8.31；最低是风沙母质，pH平均值为8.24。

（4）不同土壤类型：洪积淡栗褐土最高pH平均值为8.34；最低是铁铝质栗褐土，pH平均值为8.24。见表3-43。

表3-43　左云县大田土壤pH统计表

统计项目		最大值	最小值	平均值	标准差	变异系数
乡（镇）	店湾镇	8.43	8.12	8.27	0.048	0.005 8
	管家堡	8.49	8.12	8.30	0.061	0.007 4
	马道头	8.43	7.96	8.26	0.055	0.006 6
	鹊儿山镇	8.28	8.12	8.26	0.048	0.005 8
	三屯	8.43	8.12	8.25	0.064	0.007 8
	水窑	8.43	8.12	8.34	0.079	0.009 5

（续）

统 计 项 目		最大值	最小值	平均值	标准差	变异系数
乡（镇）	小京庄	8.43	7.81	8.29	0.050	0.006 0
	云兴镇	8.43	8.12	8.25	0.065	0.007 8
	张家场	8.43	7.96	8.28	0.055	0.006 7
土壤类型	铁铝质栗褐土	8.28	8.12	8.24	0.072	0.008 7
	沙泥质栗褐土	8.49	7.96	8.29	0.072	0.008 7
	黄土质淡栗褐土	8.43	7.81	8.27	0.062	0.007 5
	黄土质栗褐土	8.43	8.12	8.27	0.064	0.007 7
	红黄土质淡栗褐土	8.43	8.12	8.27	0.055	0.006 6
	洪积淡栗褐土	8.43	8.28	8.31	0.063	0.007 5
	黄土状淡栗褐土	8.43	7.96	8.27	0.055	0.006 7
	灌淤淡栗褐土	8.43	7.96	8.26	0.068	0.008 2
	洪冲积潮土	8.43	8.12	8.28	0.045	0.005 4
	苏打盐化潮土	8.43	8.12	8.27	0.052	0.006 3
地形部位	中低山	8.43	8.12	8.27	0.071	0.008 6
	丘陵	8.49	7.81	8.27	0.064	0.007 7
	洪积扇	8.43	8.12	8.29	0.058	0.006 9
	阶地	8.43	7.96	8.27	0.050	0.006 1
	河漫滩	8.43	8.12	8.28	0.049	0.005 9
母质	残积物	8.43	8.12	8.26	0.055	0.006 7
	坡积物	8.43	8.12	8.30	0.060	0.007 2
	洪积物	8.43	8.28	8.29	0.031	0.003 7
	黄土母质	8.43	7.81	8.27	0.067	0.008 0
	黄土状母质	8.43	7.96	8.28	0.056	0.006 8
	红土母质	8.49	8.28	8.31	0.063	0.007 6
	冲积母质	8.43	8.12	8.27	0.041	0.005 0
	风沙母质	8.28	7.96	8.24	0.072	0.008 7

注：以上统计结果依据2008—2010年左云县测土配方施肥项目土样化验结果。

二、土壤容重

单位体积自然状态下土壤（包括土壤空隙的体积）的干重，是土壤紧实度的一个指标。一般含矿物质多而结构差的土壤（如沙土），土壤容重较大，一般在1.4～1.7克/厘米^3；含有机质多而结构好的土壤（如农业土壤），熟化程度较高的土壤，土壤容重较小，在1.1～1.4克/厘米^3。土壤容重可用来计算一定面积耕层土壤的重量和土壤孔隙度，也可作为土壤熟化程度指标之一，全县耕地土壤容重变化范围为1.1～1.4克/厘米^3，平均值为

1.31 克/厘米^3。

（1）不同行政区域：马道头乡平均值最高，为 1.37 克/厘米^3；其次是鹊儿山镇平均值为 1.36 克/厘米^3；最低是店湾镇，平均值为 1.25 克/厘米^3。

（2）不同地形部位：黄土丘陵最高，平均值为 1.40 克/厘米^3；其次是河漫滩，平均值为 1.38 克/厘米^3；中低山、平原阶地最低，平均值均为 1.26 克/厘米^3。

（3）不同土壤类型：苏打盐化潮土最高，平均值为 1.38 克/厘米^3；黄土质栗褐土最低，平均值为 1.27 克/厘米^3。

三、耕层质地

土壤质地是土壤物理性质之一。指土壤中不同大小直径的矿物颗粒的组合状况。土壤质地与土壤通气、保肥、保水状况及耕作的难易有密切关系；土壤质地状况是拟定土壤利用、管理和改良措施的重要依据。肥沃的土壤不仅要求耕层的质地良好，还要求有良好的质地剖面。虽然土壤质地主要决定于成土母质类型，有相对的稳定性，但耕作层的质地仍可通过耕作、施肥等活动进行调节。土壤质地也称土壤机械组成，指不同粒径在土壤中占有的比例组合。根据卡庆斯基质地分类，粒径大于 0.01 毫米为物理性沙粒，小于 0.01 毫米为物理性黏粒。根据其沙黏含量及其比例，主要可分为沙土、沙壤、轻壤、中壤、重壤、黏土六级。

左云县由于地处黄土丘陵区，绝大部分土壤为黄土类物质形成成，沙壤和轻壤的比例占到 60%，黄土母质被侵蚀后，红黄土母质、第三纪红黏土和紫色页岩等出露地表，和黄土母质共同发育的土壤，土壤质地较重，形成中壤，约占总耕地面积的 38.47%，部分耕地植被覆盖率低，地形处在风口之下，土壤风蚀特别严重，黏粒大部分被风刮走，耕层质地成为沙土，另一少部分土壤本身就是风沙母质形成的土壤，耕层质地也为沙土，表层为沙土的耕地近几年大部分已经退耕还林，所以耕地中沙土的比例和二次土壤普查相比，由 2.82%下降到现在的 1.79%，耕层土壤质地面积比例，见表 3－44。

表 3－44　左云县土壤耕层质地概况

质地类型	耕种土壤（亩）	占耕种土壤（%）
沙土	1.04	1.79
沙壤	15.35	26.45
轻壤	19.32	33.28
中壤	22.33	38.47
合计	58.04	100.00

注：以上统计结果依据 2008—2010 年左云县测土配方施肥项目土样化验结果。

从表 3－44 可知，全县中壤面积最大，占 38.47%；其次为轻壤和沙壤，二者分别占到全县总耕地面积的 33.28%和 26.45%，其中壤或轻壤（俗称绵土）物理性黏粒大于 50%，沙黏适中，大小孔隙比例适当，通透性好，保水保肥，养分含量丰富，有机质分解快，供肥性好，耕作方便，通耕期早，耕作质量好，发小苗亦发老苗，因此，一般壤质土，水、肥、气、热比较协调，从质地上看，左云县土壤质地良好，是农业上较为理想的土壤。

沙土占全县耕地地总面积的1.79%，其物理性沙粒高达80%以上，土质较沙，疏松易耕，粒间孔隙度大，通透性好，但保水保肥性能差，抗旱力弱，供肥性差，前劲强后劲弱，发小苗不发老苗，建议最好进行退耕还林还草，植树造林，种植牧草，固土固沙，改善生态环境，或者掺和第三纪红黏土，以黏改沙。

重壤土在左云县极少，土壤物理性黏粒（<0.01毫米）高达45%以上，土壤黏重致密，难耕作，宜耕期短，保肥性强，养分含量高，但易板结，通透性能差，土体冷凉坷垃多，不养小苗，易发老苗。建议以沙改黏，掺和沙土，种植多年生绿肥，促进土壤团粒结构有的形成，改善土壤的通透性。

四、耕地土壤阳离子交换量

土壤阳离子交换量是指土壤胶体所能吸附各种阳离子的总量，其数值以每千克土壤中含有各种阳离子的物质的量来表示，即摩尔/千克。土壤阳离子交换量反映土壤保蓄水肥的能力。决定土壤阳离子交换量的主要因素，一是土壤胶体类型，有机胶体>蒙脱石>水化云母>高岭石>含水氧化铁、铝，风化程度越高的土壤，阳离子代换量越高；二是土壤质地，沙土、沙壤、轻壤、中壤、黏土，其阳离子交换量逐渐增高；土壤阳离子交换量是影响土壤缓冲能力高低，也是评价土壤保肥能力、改良土壤和合理施肥的重要依据。

左云县耕地土壤阳离子交换量含量变化范围为3.5～24.8摩尔/千克，平均值为9.4摩尔/千克。

（1）不同行政区域：店湾镇平均值最高，为10.2摩尔/千克；其次是云新镇，平均值为9.8摩尔/千克；最低是鹊儿山镇，平均值为8.8摩尔/千克。

（2）不同地形部位：中低山最高，平均值为11.8摩尔/千克；其次丘陵缓坡，平均值为9.7摩尔/千克；最低是黄土丘陵，平均值为8.55摩尔/千克。

（3）不同土壤类型：铁铝质栗褐土最高，平均值为12.55摩尔/千克；其次是沙泥质栗褐土，平均值为11.65摩尔/千克；最低是黄土质淡栗褐土，平均值为7.2摩尔/千克。

五、土体构型

土体构型是指各土壤发生层有规律的组合、有序的排列状况，也称为土壤剖面构型，是土壤剖面最重要特征。良好土体构型含有黏质垫层类型中的深位黏质垫层型、均质类型中的均壤型、夹层类型中的蒙金型，其特点是：土层深厚，无障碍层。

较差土体构型含有夹层类型中的夹沙型、沙体型和薄层类型中的薄层型等，特点是它对土壤水、肥、气、热等各个肥力因素有制约和调节作用，特别对土壤水、肥贮藏与流失有较大影响。因此，良好的土体构型是土壤肥力的基础。

全县耕作的土体构型可概分三大类，即通体型、夹层型和薄层型。

1. 通体型 土体深厚，全剖面上下质地基本相近，在全县占有相当大的比例。

（1）通体沙壤型：（包括少部分通体沙土型）分布在黄土丘陵风口、洪积扇、倾斜平原及一级阶地上，质地粗糙土壤黏结性差，有机物质分解快，总孔隙少，通气不良，土温变化迅速，保水保肥较差，因而肥力低。

（2）通体轻壤型：发育于黄土质及黄土状母质和近代河流冲积物母质上，层次很不明显，保水能力较好，土温变化不大，水、肥、气、热诸因素之的关系较为协调。

（3）通体中壤型：发育在红土母质，红黄土母质，河流沉积物母质上。除表层因耕作熟化质地变得较为松软外，通体颗粒排开致密紧实。尤其是犁底层坚实明显，耕作比较困难，土温变化小而性冷，保水保肥能力好但供水供肥能力较差，不利于捉苗和小苗生长，若适当进行掺沙改黏结合深耕打破犁底层，就会将不利性状变为有利因素。

（4）通体沙砾质型：发育在洪积扇、山地及丘陵上，全剖面以沙砾石为主，土体中缺乏胶体，土壤黏结性很差，漏水漏肥。有机质分解快，保水保肥能力差，严重影响耕作及作物的生长发育。

2. 夹层型 即土体中间夹有一层较为悬殊的质地。在全县也有一定量的分布。

（1）浅位夹层型：即在土体内离地表 50 厘米以上，20～50 厘米之下出现的夹层。

①浅位夹黏型和浅位夹白干型，多分布在黄土状、河流沉积物及灌淤母质上。活土层疏松多孔，有机质转化快，宜耕好种，利于小苗生长。心土层紧实黏重，托水保重，托水保肥，但限制作物根系下扎，影响作物生长发育，须结合深耕加厚活土层。

②浅位夹沙砾石型，分布于洪积物母质上。表层土壤利于作物生长，但心土层不仅漏水漏肥，而且限制作物根系下扎，在今后的耕作管理种植上一定要注意。

（2）深位夹层型：夹层在 50 厘米以下出现的夹层：

①深位夹黏型和深位夹白干型。多出现在灌淤母质，河流冲积母质及黄土状母质上。这种土体构型，表层疏松多孔，有机质转化快，宜耕宜种，有利于作物生长发育土层质地适中，有利于作物根系下扎，伸展及蓄水保肥；底土层黏重坚实，托水保肥，作物生长后期水肥供应充足，这就保证了作物在整个生育期对水、肥、气、热的需要，是全县理想的土壤，也称“蒙金型”。但是盐渍化土壤出现这种土体构型不利于盐渍化土壤的改良。

②深位夹砾石型。多分布在洪积物母质上。此种土体构型的表层和心土层均利于作物生长发育，但底土层漏水漏肥比较严重，因而在灌水方面切忌超量灌溉，应该进行土地平整，做到均匀灌溉，控制每次的灌水数量，以防土壤养分随水分渗漏流失。

（3）薄层型。土体厚度一般在 40 厘米左右，发育于残积母质上的山地土壤，即全县的栗褐土区一出现薄层型土体构型。土体内含有不同程度的基岩半风化物——沙砾石，影响耕作及作物根系的下扎和生长发育，在全县面积较小。

六、土壤结构

土壤结构是指土壤颗粒的排列形式，孔隙大小分配性及其稳定程度，它直接关系着土壤水、肥、气、热的协调，土壤微生物的活动，土壤耕性的好坏和作物根系的伸展，是影响土壤肥力的重要因素。

（一）左云县耕地土壤结构较差，主要表现为

1. 耕作层 （表土层）薄，结构表现为屑粒状、块状、团块状，团粒结构很少，只有在菜园土壤中才能出现，不利于土壤水肥气热的协调，影响作物的生长。其主要原因是左云县土壤有机质和腐殖质含量不高，土壤熟化程度较低，土壤腐殖化程度低，难以形成团粒结构，更多呈现土壤母质的原来特性。

2. 犁底层 由于机械、水力等作用影响，耕作层（表土层）下面大多有坚实的犁底层存在，且犁底层出现的比较浅，一般在15厘米左右，多为片状或鳞状结构，厚度10～15厘米，在很大程度上妨碍通气透水和根系下扎，但是也减少了养分的流失。

3. 心土层 在犁底层之下，厚20～30厘米，多为块状、棱块状、片状、核状结构。

4. 底土层 指土体剖面中50厘米以下的土层。即一般所说的生土层，结构由土壤母质决定，多为块状、核状结构。

（二）左云县土壤结构的不良，主要表现为

1. 耕作层坷垃较多 主要表现在耕层质地黏重的红土、红黄土和下湿盐碱地中。这类土块因有机质含量低，土壤耕性差，宜耕期短，耕耙稍有不适时，即形成大小不等的坷垃，影响作物出苗和幼苗生长。

2. 耕作层容易板结 在雨后或灌水后容易发生，其主要原因为，轻壤和中壤是土壤质地均一较细所致，重壤和黏土是土壤中黏粒较多之故，沙壤和沙土是因为土壤中有机质含量低，土壤团聚体不是以有机物为胶结剂，而是以无机物碳酸盐为胶结剂，近年大量使用无机化肥，有机肥用量减少，也是造成土壤板结的原因之一。土壤板结不仅使土壤紧密，影响幼苗出土和生长，而且还影响通气状况，加速水分蒸发。

3. 位置较浅而坚实的犁底层 由于长期人为耕作的影响，在活土层下面形成了厚而坚实的犁底层，阻碍土体内上下层间水、肥、气、热的交流和作物根系的下扎，使根系对水分养分等的吸收受到了限制，从而导致作物既不耐旱而又容易倒伏，影响作物产量。

为了适应作物生长发育的要求并充分发挥土壤肥力的效应，要求土壤应具有比较适宜的结构状况，即土壤上虚下实，呈小团粒状态，松紧适当，耕性良好，因此，创造良好的土壤结构是夺取高产稳产的重要条件，

改良办法：一是改善生态条件，减少土壤的风蚀和水蚀，使土壤有一个相对稳定的成土过程；二是增加有机肥和有机物质的用量，加速土壤的腐殖化过程，增加土壤的腐殖质含量，促进土壤结构的形成和改善；三是改变不合理的耕作方法，增加机械化耕作，增加耕层深度，打破犁底层，增加活土层的厚度，做到适时耕作，减少坷垃的形成。

七、土壤孔隙状况

土壤孔隙是在土壤形成过程中逐渐发展而来的。它与土壤肥力有极密切的关系，不仅影响土壤的持水能力、通气状况及水分的移动，即调节土体内上下层水、肥、气、热的动态变化和交换，而且还间接地影响土壤中的好气与嫌气细菌的活动，进而影响土壤中有机质的分解率和有效养分的供应。土壤孔隙状况取决于土壤质地和土壤结构。左云县耕作土壤活土层总孔隙度为44％～50％，总的来说比较低。

八、土壤碱解氮、全磷和全钾状况

(一) 碱解氮

左云县耕地土壤碱解氮变化范围为11～243毫克/千克，平均值为52.36毫克/千克。

(1) 不同行政区域：小京庄平均值最高，为67.5毫克/千克；其次是张家场，为60.8毫克/千克；最低是管家堡乡，平均值为38.0毫克/千克。

(2) 不同地形部位：阶地平均值最高，为65.4毫克/千克；洪积扇最低，平均值为43.2毫克/千克。

(3) 不同土壤类型：洪冲积潮土平均值最高，为71.3毫克/千克；其次是黄土状淡栗褐土，平均值为67.9毫克/千克；铁铝质栗褐土最低，平均值为48毫克/千克。见表3-45。

(二) 全磷

左云县耕地土壤全磷变化范围为0.365～1.42克/千克，平均值为0.65克/千克。

(1) 不同行政区域：鹊儿山镇平均值最高，为0.73克/千克；其次是店湾镇，平均值为0.73克/千克；最低是小京庄乡，平均值为0.40克/千克。

(2) 不同地形部位：中低山平均值最高，为0.78克/千克；其次是低阶地，平均值为0.74克/千克；河漫滩地最低，平均值为0.58克/千克。

(3) 不同土壤类型：苏打盐化潮土平均值最高，为0.75克/千克；黄土质淡栗褐土最低，平均值为0.55克/千克。见表3-45。

(三) 全钾

左云县耕地土壤全钾变化范围为14.5～22.9克/千克，平均值为18.49克/千克。

(1) 不同行政区域：马道头乡平均值最高，为23.6克/千克；其次是水窑乡，平均值为22.3克/千克；最低是鹊儿山镇，平均值为17.8克/千克。

(2) 不同地形部位：洪积扇上部平均值最高，为19.8克/千克；其次是丘陵低谷地，平均值为19.65克/千克；低岗地最低，平均值为18.18克/千克。

(3) 不同土壤类型：粗骨土平均值最高，为19.44克/千克；其次是盐化潮土，平均值为19.35克/千克；脱潮土最低，平均值为17.59克/千克。见表3-45。

表3-45 左云县耕地土壤碱解氮、全磷、全钾分类汇总表

类别		碱解氮（毫克/千克）		全磷（克/千克）		全钾（克/千克）	
		平均值	范围值	平均值	范围值	平均值	范围值
行政区域	店湾镇	55.3	16～151	0.55	0.43～1.30	19.70	16.4～21.7
	管家堡	38.0	15～215	0.45	0.44～1.25	18.30	15.7～20.2
	马道头	49.8	30～203	0.45	0.38～1.28	23.60	16.9～20.9
	鹊儿山镇	45.8	19～175	0.59	0.46～1.03	17.80	16.1～15.7
	三屯	52.3	19～226	0.56	0.44～0.87	18.80	15.9～19.8
	水窑	50.4	14～243	0.65	0.38～1.05	22.30	16.3～21.8

（续）

类别		碱解氮（毫克/千克）		全磷（克/千克）		全钾（克/千克）	
		平均值	范围值	平均值	范围值	平均值	范围值
行政区域	小京庄	67.5	21～262	0.45	0.40～1.28	19.30	17.0～22.9
	云兴镇	55.9	14～204	0.68	0.41～1.12	21.00	17.0～21.6
	张家场	60.8	15～208	0.60	0.48～0.71	22.20	16.0～19.2
土壤类型	铁铝质栗褐土	48.0	22～201	0.71	0.47～0.87	21.60	17.1～21.3
	沙泥质栗褐土	58.0	18～198	0.75	0.40～1.22	19.00	17.3～22.5
	黄土质淡栗褐土	55.0	30～198	0.55	0.49～0.82	18.40	16.3～19.8
	黄土质栗褐土	51.6	33～159	0.56	0.52～0.85	18.60	16.2～21.2
	红黄土质淡栗褐土	58.3	29～226	0.70	0.50～0.98	22.30	17.0～22.0
	洪积淡栗褐土	63.9	20～187	0.73	0.40～1.28	23.20	17.4～22.1
	黄土状淡栗褐土	67.9	21～169	0.70	0.46～0.92	18.55	16.8～20.3
	灌淤淡栗褐土	75.6	25～145	0.69	0.18～1.32	18.30	15.7～21.2
	洪冲积潮土	71.3	29～215	0.65	0.39～0.89	18.07	16.8～19.5
	苏打盐化潮土	59.6	32～159	0.75	0.38～4.80	21.50	15.3～20.9

注：以上统计结果依据2008—2010年左云县测土配方施肥项目土样化验结果。

第六节　耕地土壤属性综述与养分动态变化

一、土壤养分现状分析

1. 耕地土壤属性综述　全县4 600个样点测定结果表明，耕地土壤有机质平均含量为11.2克/千克，全氮平均含量为0.63克/千克，碱解氮平均含量为52.4毫克/千克，全磷平均含量为0.65克/千克，有效磷平均含量为4.33毫克/千克，全钾平均含量为20.47克/千克，缓效钾平均含量为534毫克/千克，速效钾平均含量为87.6毫克/千克，有效铜平均含量为0.56毫克/千克，有效锌平均含量为0.43毫克/千克，有效铁平均含量为6.99毫克/千克，有效锰平均值为7.11毫克/千克，有效硼平均含量为0.42毫克/千克，有效钼平均含量为0.06毫克/千克，pH平均值为8.2，有效硫平均含量为28.93毫克/千克。见表3-46。

表3-46　左云县耕地土壤属性总体统计结果

项目名称	点位数（个）	平均值	最大值	最小值
有机质（克/千克）	4 800	11.20	36.20	1.40
全氮（克/千克）	4 800	0.63	1.49	0.18
碱解氮（毫克/千克）	4 800	52.40	243.00	10.10
全磷（克/千克）	460	0.65	1.42	0.37
有效磷（毫克/千克）	4 800	4.33	46.90	0.30

（续）

项目名称	点位数（个）	平均值	最大值	最小值
全钾（克/千克）	460	20.47	22.50	15.90
缓效钾（毫克/千克）	4 800	534.00	1 780.00	175.00
速效钾（毫克/千克）	4 800	87.60	243.00	32.00
有效铜（毫克/千克）	1 500	0.56	1.41	0.21
有效锌（毫克/千克）	1 500	0.43	3.95	0.02
有效铁（毫克/千克）	1 500	6.99	10.60	1.00
有效锰（毫克/千克）	1 500	7.11	16.30	0.90
有效硼（毫克/千克）	1 500	0.42	1.45	0.02
有效钼（毫克/千克）	150	0.06	0.16	0.02
pH	4 800	8.20	8.50	7.50
有效硫（毫克/千克）	1 500	28.30	279.40	2.00

注：以上统计结果依据 2008—2010 年左云县测土配方施肥项目土样化验结果。

2. 土壤养分分布状况及评价 玉米、马铃薯是左云县主要高产作物，也是施肥量最大的农作物。针对左云县玉米、马铃薯所需的主要养分，根据左云县实际，制定了有机质、全氮、有效磷、速效钾、有效锌等土壤养分分级评价标准，汇总、统计了这些养分的分布比例和面积，并进行养分评价。

（1）有机质：土壤有机质是土壤肥力的主要物质基础之一，它经过矿质化和腐殖化两个过程，释放养分供作物吸收利用，有机质含量越高，土壤肥力越高，左云县根据山西省土肥站有机质分级指标进行分级，并汇总了有机质的分布现状。见表 3－47。

表 3－47 左云县有机质分级面积及比例 单位：克/千克、万亩、%

分级	指标	平均值	范围	面积	比例
高	≥15	17.60	15.0～30.5	6.5	11.2
中	10～15	11.30	10.1～14.9	37.2	64.1
低	＜10	7.33	0.6～9.9	14.3	24.7

有机质含量中等以下的占 88.8%，面积达 51.5 万亩。提升有机质含量，增加土壤肥力，是增加左云县农业发展后劲的重中之重。

（2）全氮：土壤中全氮的积累，主要来源于动植物残体、肥料、土壤中微生物固定、大气降水带入土壤中的氮，能被植物利用的是无机态氮，占全氮 5%，其余 95%是有机态氮，有机态氮慢慢矿化后才能被植物利用。全氮和有机质有一定的相关性。左云县根据山西省土肥站全氮分级指标进行分级，汇总了全氮的分布现状。见表 3－48。

表 3-48　左云县全氮分级面积及比例　　单位：克/千克、万亩、%

分级	指标	平均值	范围	面积	比例
高	≥1.0	1.05	1.00～1.49	0	0
中	0.5～1.0	0.67	0.50～0.99	9.1	15.8
低	<0.5	0.36	0.04～0.50	48.9	84.2

左云县耕地全氮含量几乎都在中等以下，增加土壤氮素，很大程度上依赖于土壤有机质的提升。

（3）碱解氮：左云县根据山西省土壤碱解氮分级指标进行了分级汇总。见表 3-49。

表 3-49　左云县碱解氮分级面积及比例　单位：毫克/千克、万亩、%

分级	指标	平均值	范围	面积	比例
极高	>120	189.0	121.0～436.0	4.06	7
高	100～120	106.0	100.0～120.0	6.38	11
中	60～100	71.0	60.0～99.0	9.87	17
低	30～60	43.5	30.0～59.2	24.96	43
极低	<30	21.4	14.3～29.2	12.77	22

碱解氮含量中等以下的占 66%，面积达 47.6 万亩。

（4）有效磷：土壤有效磷是作物所需的三要素之一，磷对作物的新陈代谢、能量转换、调节酸碱度都起着很重要的作用，还可以促进作物对氮素的吸收，所以土壤有效磷含量的高低，决定着作物的产量。左云县根据山西省土壤有效磷分级指标进行了分级汇总。见表 3-50。

表 3-50　左云县土壤有效磷分级面积及比例　单位：毫克/千克、亩、%

分级	指标	平均值	范围	面积	比例
高	>20	24.57	25.0～39.0	972	0.17
中	20～25	14.17	10.1～20.0	42 979	7.40
低	5～10	7.15	5.1～10.0	151 265	26.06
极低	≤5	3.32	1.3～5.0	385 221	66.37

有效磷含量中等以下的占 99.8%，面积达 57.95 万亩；其中 38.5 万亩，有效磷含量极低，占耕地面积的 66.4%。因此，提升有效磷含量是当务之急。

（5）速效钾：土壤速效钾也是作物所需的三要素之一，它是许多酶的活化剂、能促进光合作用、能促进蛋白质的合成、能增强作物茎秆的坚韧性，增强作物的抗倒伏和抗病虫能力、能提高作物的抗旱和抗寒能力，总之，钾是提高作物产量和质量的关键元素。左云县根据山西省土壤速效钾分级指标进行了分级汇总，见表 3-51，速效钾含量中等以下的占 98.6%，面积达 57.2 万亩。

表 3-51　左云县土壤速效钾分级面积及比例

单位：毫克/千克、亩、%

分级	指标	平均值	范围	面积	比例
高	＞150	176.00	150～215	8 423	1.45
中	100～150	123.00	100～145	183 283	31.58
低	50～100	78.50	50～94	380 915	65.63
极低	≤50	43.95	32～49	7 816	1.35

(6) 有效锌：有效锌是调节植物体内氧化还原过程的作用，锌能促进生长素（吲哚乙酸）的合成，所以缺锌时芽和茎中的生长素明显减少，植物生长受阻，叶子变小；锌还能促进光合作用，因为扩散到叶绿体中的碳酸需要以锌作活化剂的碳酸酐酶促进其分解出 CO_2 来参与光合作用，缺锌时叶绿素含量下降，造成白叶或花叶。玉米缺锌易产生叶片失绿，果穗缺粒秃顶，造成玉米产量下降。见表 3-52。

表 3-52　左云县土壤有效锌分级面积及比例

单位：毫克/千克、亩、%

分级	指标	平均值	范围	面积	比例
高	＞1.5	1.73	1.50～3.95	1 503	0.26
中	0.5～1.5	0.95	0.51～1.46	239 850	41.32
低	0.3～0.5	0.48	0.32～0.49	292 398	50.38
极低	≤0.3	0.28	0.02～0.28	46 686	8.04

左云县耕地有效锌含量绝大部分在中等和低的范围，占 91.7%，面积达 53.2 万亩。有效锌含量 0.3 毫克/千克以下的耕地面积占 8.04%，各种作物需要补充锌肥，有效锌含量 0.5 毫克/千克以下占 58.4%，玉米施锌是左云县增加玉米产量的一项有效措施。

二、土壤养分变化趋势分析

随着农业生产的发展及施肥、耕作经营管理水平的变化，耕地土壤有机质及大量元素也随之变化。与 1982 年全国第二次土壤普查时的耕层养分测定结果相比，土壤有机质增加了 1.6 克/千克，全氮增加了 0.06 克/千克，有效磷增加了 0.8 毫克/千克，速效钾减少了 10 毫克/千克。这反映了左云县 25 年来的耕作施肥的变化规律：这是农用化肥快速增加的 25 年，也是农作物产量快速增加的 25 年，作物产量提高，根茬、秸秆大量增加，畜牧业发展迅速，秸秆过腹还田的数量增加，土壤有机物质投入增加，使得土壤有机质和土壤全氮增加，侵蚀严重的极低肥力地块的退耕还林，极低肥力地块退出耕地的范畴，也导致了土壤有机质和全氮的相对提高；从 1982 年基本不使用磷肥，到现在磷肥成为农民的产用肥料，较多的磷肥投入土壤中，使得土壤有效磷也增加不少；钾肥只是近几年农民才刚刚听说过的肥料，大多数农民只是购买复合肥、复混肥时，“顺便”使用了钾肥，所以，土壤速效钾 25 年来下降了 10 毫克/千克。见表 3-53。

表 3-53 土壤养分统计结果

单位：克/千克、毫克/千克

项目	有机质	全氮	速效磷	速效钾
第二次土壤普查（平均）	9.6	0.57	3.5	98
2010年（平均）	11.2	0.63	4.3	87.6
增 加	1.6	0.06	0.8	−10

总之左云县土壤养分水平较低，大部分土壤养分处在低和极低的水平之下，有机质中等以下占的比例为88%，极低比例为25%，全氮低水平的比例为84%，碱解氮低水平占65%，有效磷极低水平占到总耕地面积的66%，速效钾极低水平占总耕地面积的1.35%，氮素、磷素严重不足是左云县农作物产量的主要限制因素。大量补充土壤的氮磷元素，增加氮磷化肥的使用量，是今后一个时期增加农作物产量，提高耕地产出的最有效途径；土壤速效钾低水平的耕地已占67%，业绩将成为农业生产的主要限制因素之一，作为农业生产的管理者，农业技术的推广者，应该未雨绸缪，加大钾肥使用的宣传力度，增加钾肥的使用，增加含钾复合肥、含钾复混肥和配方肥的使用，逐渐提高钾素肥料的“知名度”，保证土壤速效钾和土壤缓效钾逐年增加。

第四章　耕地地力评价

第一节　耕地地力分级

一、面积统计

左云县耕地面积58.04万亩，其中水浇地2.2万亩，占耕地面积的3.7%；旱地55.84万亩，占耕地面积的96.21%。按照地力等级的划分指标，通过对4 600个评价单元［F］值的计算，对照分级标准，确定每个评价单元的地力等级，汇总结果见表4-1。

表4-1　左云县耕地地力统计表

等级	生产性能综合指数	面积（亩）	所占比重（%）
1	0.85～0.91	41 374.57	7.13
2	0.78～0.84	44 693.94	7.70
3	0.69～0.77	96 684.99	16.66
4	0.63～0.68	91 213.93	15.71
5	0.56～0.62	151 634.80	26.12
6	0.25～0.55	154 834.10	26.68
合计		580 436	100

二、地域分布

左云县耕地主要分布在十里河等河流流域的河漫滩、高河漫滩以及其一级、二级阶地、北部坡区黄土丘陵地带，南部土石山区虽面积广阔，但耕地面积较少。

各乡镇地力等级分布面积见表4-2。

表4-2　左云县各乡镇地力等级分布面积

级别	一级		二级		三级		四级		五级		六级		乡（镇）面积合计（亩）
	面积（亩）	百分比	面积（亩）	百分比	面积（亩）	百分比	面积（亩）	百分比	面积（亩）	百分比	面积（亩）	百分比	
云兴镇	8 385.5	20.3	7 782.8	17.4	13 457.7	13.9	10 543.5	11.6	18 045.7	11.9	12 894.0	8.2	71 109.2
张家场	8 489.6	20.5	7 465.9	16.7	17 714.2	18.3	16 963.3	18.6	14 939.2	9.8	10 729.6	6.8	76 301.8
店湾镇	106.0	0.3	644.4	1.4	12 443.9	12.9	10 803.8	11.8	11 658.4	7.7	10 036.6	6.4	45 693.1
管家堡	6 879.6	16.6	0	0	15 175.9	15.7	17 313.8	19.0	13 088	8.6	9 199.3	5.9	53 376.6

（续）

级别	一级		二级		三级		四级		五级		六级		乡（镇）面积合计（亩）
	面积（亩）	百分比	面积（亩）	百分比	面积（亩）	百分比	面积（亩）	百分比	面积（亩）	百分比	面积（亩）	百分比	
马道头	0	0	43.8	0.1	5 224.9	5.4	7 724.7	8.4	27 515.8	18.1	26 564.9	17.0	61 849.3
鹊儿山镇	0	0	13.0	0.02	394.1	0.4	1 277.6	1.4	8 015.6	5.3	26 957.9	17.2	36 658.2
三屯	14 812.8	35.8	14 920.5	33.4	13 413.0	13.9	7 625.4	8.3	8 926.3	5.9	31 225.6	20.0	90 923.6
小京庄	0	0	9 042.2	20.2	17 465.7	18.1	15 742.9	17.3	44 283.9	29.2	0	0	86 534.7
水窑	0	0	0	0	1 395.6	1.4	3 219.0	3.5	5 161.85	3.4	11 699.4	7.5	21 475.9

第二节　耕地地力等级分布

一、一 级 地

（一）面积和分布

本级耕地主要分布在丘陵垣地、十里河的高河漫滩和一级阶地上的云兴镇（北门、北六里）、三屯乡（北十里、后八里）、小京庄乡（小京庄、大京庄）、张家场乡（张家场、猪儿洼）。面积为 41 374.57 亩，占全县总耕地面积的 7.13%。

（二）主要属性分析

本级耕地地势平坦，土壤类型为栗褐土、潮土，成土母质为黄土母质、黄土状母质和河流冲积物，地形坡度为 1°～4°，耕层质地为多为壤土或壤质黏土，土体构型为壤夹黏，有效土层厚度为 120～130 厘米，平均为 125 厘米，耕层厚度为 20～25 厘米，平均为 20 厘米，pH 的变化范围 8.12～8.43，平均值为 8.27，地势平缓，基本都是水浇地，无明显侵蚀，保水保肥，地下水位浅且水质良好，灌溉保证率为充分满足，园田化水平高。

本级耕地土壤有机质平均含量 11.61 克/千克，属省四级水平，比全县平均含量高 0.41 克/千克；有效磷平均含量为 4.49 毫克/千克，属省六级水平，比全县平均含量高 0.16 毫克/千克；速效钾平均含量为 87.6 毫克/千克，属省五级水平；全氮平均含量为 0.66 克/千克，属省五级水平，比全县平均含量高 0.03 克/千克；中量元素有效硫比全县平均含量低，微量元素铁、铜、锌、硼较全县平均水平高。见表 4－3。

该级耕地农作物生产历来水平较高，从农户调查表来看，主要种植玉米、蔬菜，玉米平均亩产 400 千克以上，蔬菜平均亩收益 1 500 元以上，效益显著，是左云县重要的玉米生产基地和蔬菜生产基地。

表 4－3　一级地土壤养分统计表

项目	平均值	最大值	最小值	标准差	变异系数
有机质	11.61	22.65	7.32	1.57	13.56
有效磷	4.49	18.07	1.29	2.40	53.39

（续）

项目	平均值	最大值	最小值	标准差	变异系数
速效钾	87.60	173.00	44.00	18.80	21.46
pH	8.27	8.43	8.12	0.05	0.57
缓效钾	532.00	740.00	345.00	68.02	14.33
全氮	0.66	0.92	0.36	0.09	12.98
有效硫	25.84	90.02	9.15	15.59	60.35
有效锰	6.96	11.67	3.56	1.18	16.94
有效铁	4.31	7.01	1.60	0.92	21.56
有效铜	0.60	1.27	0.36	0.13	21.91
有效锌	0.50	1.08	0.15	0.16	32.63

注：表中各项单位为：有机质、全氮为克/千克，pH 无单位，其他均为毫克/千克。

(三) 主要存在问题

首先，一级地多分布在城市近郊、村庄周围，易被选为工业、建筑用地，极易被占用；其次，易受到工业“三废”和生活污水的污染，这对无公害农产品和绿色食品生产极为不利；再次，农民施肥比较盲目，特别是蔬菜施肥，重氮肥、轻磷肥、忽视钾肥和微肥，速效钾和有效钼相对较低，土壤养分容易失调。

(四) 合理利用

在合理利用上要认真宣传贯彻党的土地政策和基本农田保护政策，严控“三废”污染，积极推广农田污染防治技术，发展高附加值的经济作物，扩大蔬菜和黄花的种植面积，增加农民种植业的收入。在土壤培肥上，应注意有机肥的使用，做到用养结合，实施秸秆还田，增加有机物质的投入，培肥地力。在化肥的使用上，实施配方施肥，可适当减少氮肥用量，增加磷肥的施用，尤其蔬菜，应增加钾、硼等微量元素的投入，以达到土壤肥力不断提高、水肥气热更加协调、作物稳产高产之目的。

二、二 级 地

(一) 面积与分布

主要分布在十里河两岸河漫滩、一级阶地的云兴镇、小京庄乡、张家场乡、管家堡、三屯乡，面积 44 693.94 亩，占总耕地面积的 7.70%。

(二) 主要属性分析

本级耕地包括栗褐土、潮土 2 个土类，成土母质为河流冲积物和黄土状母质，质地多为壤土，灌溉保证率为基本满足，有部分耕地保证不了灌溉，地面基本平坦，坡度在 1°～11°，平均为 6°，园田化水平高。有效土层厚度为 70～130 厘米，平均为 100 厘米，耕地层厚度为 14～22 厘米，平均为 18 厘米，本级土壤 pH 为 7.96～8.43。

本级耕地土壤有机质平均含量 11.22 克/千克，属省四级水平；有效磷平均含量为

4.58毫克/千克，属省五级水平；速效钾平均含量为87.8毫克/千克，属省五级水平；全氮平均含量为0.66克/千克，属省五级水平。见表4-4。

表4-4　二级地土壤养分统计表

项目	平均值	最大值	最小值	标准差	变异系数
有机质	11.22	22.98	7.98	1.57	13.56
有效磷	4.58	21.75	1.29	2.35	51.29
速效钾	87.80	164.00	44.20	17.42	19.84
pH	8.27	8.43	7.96	0.05	0.58
缓效钾	551.00	1 120.00	367.00	75.62	13.72
全氮	0.66	0.90	0.42	0.07	11.18
有效硫	26.56	106.76	6.87	17.55	66.08
有效锰	6.71	12.34	3.30	1.12	16.61
有效硼	0.44	0.93	0.19	0.09	21.32
有效铁	4.35	9.00	2.06	0.86	19.84
有效铜	0.60	1.21	0.36	0.14	22.85
有效锌	0.46	1.24	0.15	0.14	30.74

注：表中各项单位为：有机质、全氮为克/千克，pH无单位，其他均为毫克/千克。

本级耕地所在区域，为深井灌溉区，是左云县的粮、菜主产区，粮、菜地的经济效益较高，粮食生产水平较高，处于全县上游水平，玉米近3年平均亩产300～400千克。

（三）主要存在问题

一是部分耕地环境受各种污染的威胁，如工业“三废”、粉尘、煤烟、污水灌溉污染等；二是蔬菜地的施肥上，超量使用氮肥，磷钾肥用量不足，微量元素肥料基本上是空白，影响了作物产量和经济效益的提高，也使蔬菜的品质下降。如蔬菜不耐储藏、易腐烂，硝酸盐含量超标等；三是部分土壤受盐渍化的威胁。

（四）合理利用

在利用上应以培肥土壤、提高地力为中心，增施有机肥，实行配方施肥，氮、磷、钾肥与微量元素肥料配合使用，提倡施用玉米专用肥、蔬菜专用肥，使土壤养分更加协调，严格控制农田环境污染，建立健全排灌系统，发展设施农业、节水农业，控制土壤地下水位和土壤返盐，引导和扶持农民种植附加值较高的经济作物，充分发挥二级地的生产潜力，提高农民的收入水平。

三、三级地

（一）面积与分布

左云县各个乡（镇）都有分布，面积为96 685.0亩，占总耕地面积的16.66%。

（二）主要属性分析

本级耕地自然条件一般。耕地包括栗褐土、潮土2个土类，成土母质为河流冲积物、黄土质母质，耕层质地为中壤、沙壤，土层深厚，有效土层厚度为50～130厘米以上，平均为90厘米，耕层厚度为15～20厘米，平均值为17厘米。

土体构型为ABC、APB型，80%的土地无灌溉条件，20%的土地年浇水2次以上，部分土壤35厘米以下有障碍层，轻度、中度侵蚀，地面基本平坦，坡度2°～5°，园田化水平一般。本级耕地土壤的pH变化范围为8.12～8.43，平均值为8.27。

本级耕地土壤有机质平均含量12.60克/千克，属省四级水平；有效磷平均含量为5.76毫克/千克，属省五级水平；速效钾平均含量为93.30毫克/千克，属省五级水平；全氮平均含量为0.67克/千克，属省五级水平。见表4-5。

表4-5　三级地土壤养分统计表

项目	平均值	最大值	最小值	标准差	变异系数
有机质	12.60	29.63	6.99	3.50	27.77
有效磷	5.76	28.07	1.29	3.87	67.12
速效钾	93.30	236.90	31.20	24.60	26.37
pH	8.27	8.43	8.12	0.06	0.69
缓效钾	556.00	780.00	318.00	77.62	13.95
全氮	0.67	1.08	0.42	0.09	13.76
有效硫	24.96	113.42	4.59	13.03	52.19
有效锰	6.53	13.67	2.76	1.27	19.43
有效硼	0.43	1.58	0.19	0.10	24.10
有效铁	4.30	13.34	1.40	0.86	20.09
有效铜	0.63	1.47	0.35	13.82	21.90
有效锌	0.50	1.61	0.15	0.17	34.63

注：表中各项单位为：有机质、全氮为克/千克，pH无单位，其他均为毫克/千克。

本级所在区域，粮食生产水平中等，据调查统计，玉米平均亩产200～300千克，马铃薯平均亩产1 000千克左右，效益较好。

（三）主要存在问题

土壤养分特别是氮磷元素偏低，致使土壤速效养分很低；部分耕地土体构型不良，受障碍层次限制；表层质地为沙壤的土壤占有一定的比例，土壤保肥保水性不强；土壤轻度盐渍化；干旱缺水等为限制三级耕地作物产量提高的因素。

（四）合理利用

首先，大力实施平衡施肥，加强土壤养分测试，根据土壤养分状况，向农民提供科学的施肥配方，推广使用作物专用肥；其次，对表层质地较粗、保蓄能力较差的地块，应施入较多的有机肥、泥炭，实施秸秆还田或过腹还田，促进土壤结构的改善，增加土壤阳离子代换能力；第三，对轻度盐渍化的土壤，采取相应的栽培管理措施，如春秋多耙、增加中耕次数、增加地面的生物覆盖等，减少土壤蒸发，抑制土壤返盐。第四，有条件的地方发展灌溉农业，增加灌溉面积；第五，推广旱作节水农业技术，最大限度的利用天然降水。

四、四 级 地

（一）面积与分布

主要分布在左云县的各个乡（镇），面积 91 213.93 亩，占总耕地面积的 16.71%。

（二）主要属性分析

该土地分布范围较广，土壤类型为栗褐土和潮土，成土母质有黄土质、黄土状 2 种，耕层土壤质地差异较大，为沙壤、中壤，有效土层厚度为 50～130 厘米，平均值为 60 厘米，耕层厚度为 10～20 厘米，平均为 15 厘米。土体构型为通体壤、夹砾、夹沙。基本为旱地，地面坡度为 3°～21°，园田化水平较低。本级土壤 pH 为 7.96～8.43，平均值为 8.27。

本级耕地土壤有机质平均含量 12.39 克/千克，属省四级水平；有效磷平均含量为 5.94 毫克/千克，属省五级水平；速效钾平均含量为 93.30 毫克/千克，属省五级水平；全氮平均含量为 0.66 克/千克，属省五级水平；有效硼平均含量为 0.43 克/千克，属省五级水平；有效铁为 4.28 毫克/千克，属省五级水平；有效锌为 0.52 克/千克，属省四级水平；有效锰平均含量为 6.50 毫克/千克，有效硫平均含量为 25.59 毫克/千克。见表 4－6。

表 4－6　四级地土壤养分统计表

项目	平均值	最大值	最小值	标准差	变异系数
有机质	12.39	24.30	6.99	3.45	27.82
有效磷	5.94	29.72	1.00	4.04	68.05
速效钾	93.30	227.00	27.88	25.87	27.73
pH	8.27	8.43	7.96	0.07	0.80
缓效钾	550.00	860.00	367.00	84.96	15.42
全氮	0.67	0.98	0.39	0.089	13.25
有效硫	25.29	100.00	6.87	12.96	50.63
有效锰	6.50	15.00	3.56	1.29	19.82
有效硼	0.43	1.00	0.12	0.08	19.73
有效铁	4.28	8.00	2.23	0.80	18.61
有效铜	0.63	1.34	0.36	0.14	22.34
有效锌	0.52	2.30	0.16	0.17	33.18

注：表中各项单位为：有机质、全氮为克/千克，pH 无单位，其他均为毫克/千克。

主要种植作物以杂粮为主，平均亩产量折玉米为 150～200 千克，杂粮平均亩产 150 千克以上，均处于左云县的中等水平。

（三）主要存在问题

一是灌溉条件较差，干旱、寒冷较为严重；二是本级耕地的中量元素硫偏低，微量元素的硼、铁、偏低，今后在施肥时应合理补充。

(四) 合理利用

一是中产田的养分失调，大大地限制了作物增产，因此，要在不同区域中产田上，大力推广测土配方施肥技术，进一步提高肥料利用率和耕地的增产潜力。二是地膜覆盖解决农业生产旱、寒问题，大力提高作物单产。三是大力增施有机肥、绿肥，进行粮草轮作，培肥地力，进一步提高耕地的生产潜力，实现农业生产的可持续发展。

五、五 级 地

(一) 面积与分布

主要分布在全县各个乡（镇），面积 151 634.8 亩，占总耕地面积的 26.12%。

(二) 主要属性分析

该区域为丘陵和倾斜平原区，土壤类型为栗褐土和潮土。成土母质为黄土质和洪积母质，耕层质地为沙壤土，有效土层厚度为 50～120 厘米，平均值为 85 厘米，耕层厚度在 10～20 厘米，平均值为 17 厘米，土体构型为 ABC 或 APB 型。pH 为 7.81～8.43，平均值为 8.27。

本级耕地土壤有机质平均含量 11.84 克/千克，有效磷平均含量为 4.96 毫克/千克，速效钾平均含量为 92.45 毫克/千克，全氮平均含量为 0.64 克/千克，有效硫平均含量 25.62 克/千克，有效锰平均含量为 6.85 克/千克，有效铁平均含量为 4.30 克/千克。见表 4-7。

表 4-7　五级地土壤养分统计表

项目	平均值	最大值	最小值	标准差	变异系数
有机质	11.84	27.32	6.33	3.02	25.49
有效磷	4.96	21.75	1.00	3.43	69.17
速效钾	92.45	250	31.15	20.64	22.33
pH	8.27	8.43	7.81	0.06	0.77
缓效钾	548.00	899.00	384.00	75.81	13.83
全氮	0.64	1.05	0.39	0.09	14.36
有效硫	25.62	120.08	8.01	12.47	48.66
有效锰	6.85	13.00	2.76	1.38	20.16
有效硼	0.45	1.37	0.15	0.10	21.46
有效铁	4.30	8.67	1.40	0.79	18.25
有效铜	0.62	1.55	0.35	0.12	19.64
有效锌	0.50	1.81	0.12	0.17	35.21

注：表中各项单位为：有机质、全氮为克/千克，pH 无单位，其他均为毫克/千克。

种植作物以小杂粮为主，据调查统计，平均亩产 100～150 千克，小杂粮平均亩产 100 千克以上，效益较好。

（三）主要存在问题

一是土壤干旱，土壤质地较粗，土壤保肥蓄水能力差；二是该级耕地多为丘陵、低山区，土壤坡度大，土壤侵蚀严重；三是土壤肥力低，农民投入少，产出少，耕作粗放，形成恶性循环。

（四）合理利用

改良土壤，主要措施是除增施有机肥外，还应种植苜蓿、豆类等养地作物，通过轮作倒茬，改善土壤理化性质；在施肥上除增加农家肥施用量外，应多施氮肥，平衡施肥，搞好土壤肥力协调；丘陵区整修梯田，培肥地力，防蚀保土，使三跑田变成三保田，逐步建设成中产基本农田。

六、六 级 地

（一）面积与分布

主要分布在全县各乡（镇），面积154 834.1亩，占全县总耕地的26.68%。

（二）主要属性分析

该区全部为旱地，地形为坡地或缓坡地，无灌溉条件，土壤类型有栗褐土和潮土；成土母质为黄土质、砂页岩残坡积物；耕层质地为沙土；质地构型大部分为ABC或APB型，pH在7.96～8.49，平均值为8.27。耕层厚度为10～12厘米，平均值为11厘米，坡度20°～25°，土层30厘米以下有障碍层，50厘米土体有夹沙、夹砾。

本级耕地土壤有机质平均含量12.10克/千克，有效磷平均含量为5.51毫克/千克，速效钾平均含量为94.70毫克/千克，全氮平均含量为0.64克/千克。见表4-8。

表4-8　六级地土壤养分统计表

项目	平均值	最大值	最小值	标准差	变异系数
有机质	12.10	33.59	7.98	2.97	24.56
有效磷	5.51	22.41	0.96	3.42	61.96
速效钾	94.70	223.87	31.15	21.23	22.42
pH	8.27	8.49	7.96	0.07	0.81
缓效钾	565.00	920.00	367.00	89.36	14.93
全氮	0.64	0.98	0.39	0.09	13.58
有效硫	22.41	90.02	8.01	8.93	39.85
有效锰	6.94	12.34	3.03	1.20	17.24
有效硼	0.44	1.00	0.20	0.08	18.04
有效铁	4.44	19.67	1.89	0.74	16.67
有效铜	0.63	1.30	0.32	0.12	19.65
有效锌	0.49	2.11	0.12	0.19	39.05

注：表中各项单位为：有机质、全氮为克/千克，pH无单位，其他均为毫克/千克。

（三）存在问题

一自然条件较差，气候干旱、寒冷，土壤本身抵御自然灾害能力差；二是该级耕地大多为坡地或缓坡地，耕层土壤贫瘠，投入少，产出少，广种薄收；三是土壤风蚀水蚀严重。

（四）合理利用

由于受地理环境影响，干旱、寒冷、水土流失是影响农业生产的主要因素，土壤改良困难，应以发展林牧业和养殖业为主，实行粮草轮作、粮草间作，促进生态平衡，发展中药材种植，增加农民收入。在改良措施上，以搞好农田基本建设，提高土壤保土、保墒能力为主。主要是种植绿肥或粮草轮作，培肥地力，其次是选用抗旱优良品种，利用抗旱保墒剂，开展测土配方施肥技术。

第五章　耕地地力评价与测土配方施肥

第一节　测土配方施肥的原理与方法

一、测土配方施肥的含义

测土配方施肥是以肥料田间试验、土壤测试为基础，根据作物需肥规律、土壤供肥性能和肥料效应，在合理施用有机肥料的基础上，提出氮、磷、钾及中、微量元素等肥料的施用品种、数量、施肥时期和施用方法。通俗地讲，就是在农业科技人员指导下科学施用配方肥。测土配方施肥技术的核心是调整和解决作物需肥与土壤供肥之间的矛盾。同时有针对性地补充作物所需的营养元素，作物缺什么元素就补充什么元素，需要多少补充多少，实现各种养分平衡供应，满足作物的需要。达到增加作物产量、改善农产品品质、节省劳力、节支增收的目的。

二、应用前景

土壤有效养分是作物营养的主要来源，施肥是补充和调节土壤养分数量与补充作物营养最有效手段之一。作物因其种类、品种、生物学特性、气候条件以及农艺措施等诸多因素的影响，其需肥规律差异较大。因此，及时了解不同作物种植土壤中的土壤养分变化情况，对于指导科学施肥具有广阔的发展前景。

测土配方施肥是一项应用性很强的农业科学技术，在农业生产中大力推广应用，对促进农业增效、农民增收具有十分重要的作用。通过测土配方施肥的实施，能达到 5 个目标：一是节肥增产。在合理施用有机肥的基础上，提出合理的化肥投入量，调整养分配比，使作物产量在原有基础上能最大限度地发挥其增产潜能；二是提高产品品质。通过田间试验和土壤养分化验，在掌握土壤供肥状况，优化化肥投入的前提下，科学调控作物所需养分的供应，达到改善农产品品质的目标；三是提高肥效。在准确掌握土壤供肥特性，作物需肥规律和肥料利用率的基础上，合理设计肥料配方，从而达到提高产投比和增加施肥效益的目标；四是培肥改土。实施测土配方施肥必须坚持用地与养地相结合、有机肥与无机肥相结合，在逐年提高作物产量的基础上，不断改善土壤的理化性状，达到培肥和改良土壤，提高土壤肥力和耕地综合生产能力，实现农业可持续发展；五是生态环保。实施测土配方施肥，可有效地控制化肥特别是氮肥的投入量，提高肥料利用率，减少肥料的面源污染，避免因施肥引起的富营养化，实现农业高产和生态环保相协调的目标。

三、测土配方施肥的依据

（一）土壤肥力是决定作物产量的基础

肥力是土壤的基本属性和质的特征，是土壤从养分条件和环境条件方面，供应和协调作物生长的能力。土壤肥力是土壤的物理、化学、生物学性质的反映，是土壤诸多因子共同作用的结果。农业科学家通过大量的田间试验和示踪元素的测定证明，作物产量的构成，有40%～80%的养分吸收自土壤。养分吸收自土壤比例的大小和土壤肥力的高低有着密切的关系，土壤肥力越高，作物吸自土壤养分的比例就越大，相反，土壤肥力越低，作物吸自土壤的养分越少，那么肥料的增产效应相对增大，但土壤肥力低绝对产量也低。要提高作物产量，首先要提高土壤肥力，而不是依靠增加肥料。因此，土壤肥力是决定作物产量的基础。

（二）有机与无机相结合、大中微量元素相配合

用地和养地相结合是测土配方施肥的主要原则，实施配方施肥必须以有机肥为基础，土壤有机质含量是土壤肥力的重要指标。增施有机肥可以增加土壤有机质含量，改善土壤理化生物性状，提高土壤保水保肥性能，增强土壤活性，促进化肥利用率的提高，各种营养元素的配合才能获的高产稳产。要使作物——土壤——肥料形成物质和能量的良性循环，必须坚持用养结合，投入产出相对平衡，保证土壤肥力的逐步提高，达到农业的可持续发展。

（三）测土配方施肥的理论依据

测土配方施肥是以养分学说，最小养分律、同等重要律、不可代替律、肥料效应报酬递减律和因子综合作用律等为理论依据，以确定不同养分的施肥总量和肥料配比为主要内容。同时注意良种、田间管护等影响肥效的诸多因素，形成了测土配方施肥的综合资源管理体系。

1. 养分归还学说　作物产量的形成有40%～80%的养分来自土壤。但不能把土壤看做一个取之不尽，用之不竭的“养分库”。为保证土壤有足够的养分供应容量和强度，保证土壤养分的携出与输入间的平衡，必须通过施肥这一措施来实现。依靠施肥，可以把作物吸收的养分“归还”土壤，确保土壤肥力。

2. 最小养分律　作物生长发育需要吸收各种养分，但严重影响作物生长，限制作物产量的是土壤中那种相对含量最小的养分因素，也就是最缺的那种养分。如果忽视这个最小养分，即使继续增加其他养分，作物产量也难以提高。只有增加最小养分的量，产量才能相应提高。经济合理的施肥是将作物所缺的各种养分同时按作物所需比例相应提高，作物才会优质高产。

3. 同等重要律　对作物来讲，不论大量元素或微量元素，都是同样重要缺一不可的，即使缺少某一种微量元素，尽管它的需要量很少，仍会影响某种生理功能而导致减产。微量元素和大量元素同等重要，不能因为需要量少而忽略。

4. 不可替代律　作物需要的各种营养元素，在作物体内都有一定的功效，相互之间不能替代，缺少什么营养元素，就必须施用含有该元素的肥料进行补充，不能互相替代。

5. 报酬递减律　随着投入的单位劳动和资本量的增加，报酬的增加却在减少，当施肥量超过适量时，作物产量与施肥量之间单位施肥量的增产会呈递减趋势。

6. 因子综合作用律　作物产量的高低是由影响作物生长发育诸因素综合作用的结果，但其中必有一个起主导作用的限制因子，产量在一定程度上受该限制因素的制约。为了充分发挥肥料的增产作用和提高肥料的经济效益，一方面，施肥措施必须与其他农业技术措

施相结合，发挥生产体系的综合功能；另一方面，各种养分之间的配合施用，也是提高肥效不可忽视的问题。

四、测土配方施肥确定施肥量的基本方法

（一）土壤与植物测试推荐施肥方法

该技术综合了目标产量法、养分丰缺指标法和作物营养诊断法的优点。对于大田作物，在综合考虑有机肥、作物秸秆应用和管理措施的基础上，根据氮、磷、钾和中、微量元素养分的不同特征，采取不同的养分优化调控与管理策略。其中，氮肥推荐根据土壤供氮状况和作物需氮量，进行实时动态监测和精确调控，包括基肥和追肥的调控；磷、钾肥通过土壤测试和养分平衡进行监控；中、微量元素采用因缺补缺的矫正施肥策略。该技术包括氮素实时监控、磷钾养分恒量监控和中、微量元素养分矫正施肥技术。

1. 氮素实时监控施肥技术 根据不同土壤、不同作物、不同目标产量确定作物需氮量，以需氮量的30%～60%作为基肥用量。具体基施比例根据土壤全氮含量，同时参照当地丰缺指标来确定。一般在全氮含量偏低时，采用需氮量的50%～60%作为基肥；在全氮含量居中时，采用需氮量的40%～50%作为基肥；在全氮含量偏高时，采用需氮量的30%～40%作为基肥。30%～60%基肥比例可根据上述方法确定，并通过“3414”田间试验进行校验，建立当地不同作物的施肥指标体系。有条件的地区可在播种前对0～20厘米土壤无机氮进行监测，调节基肥用量。

$$\text{基肥用量（千克/亩）}=\frac{\text{（目标产量需氮量}-\text{土壤无机氮）}\times(30\%\sim60\%)}{\text{肥料中养分含量}\times\text{肥料当季利用率}}$$

其中：土壤无机氮（千克/亩）＝土壤无机氮测试值（毫克/千克）×0.15×校正系数

氮肥追肥用量推荐以作物关键生育期的营养状况诊断或土壤硝态氮的测试为依据，这是实现氮肥准确推荐的关键环节，也是控制过量施氮或施氮不足、提高氮肥利用率和减少损失的重要措施。测试项目主要是土壤全氮含量、土壤硝态氮含量玉米最新展开叶叶脉中部硝酸盐浓度等。

2. 磷钾养分恒量监控施肥技术 根据土壤有（速）效磷、钾含量水平，以土壤有（速）效磷、钾养分不成为实现目标产量的限制因子为前提，通过土壤测试和养分平衡监控，使土壤有（速）效磷、钾含量保持在一定范围内。对于磷肥，基本思路是根据土壤有效磷测试结果和养分丰缺指标进行分级，当有效磷水平处在中等偏上时，可以将目标产量需要量（只包括带出田块的收获物）的100%～110%作为当季磷肥用量；随着有效磷含量的增加，需要减少磷肥用量，直至不施；随着有效磷的降低，需要适当增加磷肥用量，在极缺磷的土壤上，可以施到需要量的150%～200%。在2～3年后再次测土时，根据土壤有效磷和产量的变化再对磷肥用量进行调整。钾肥首先需要确定施用钾肥是否有效，再参照上面方法确定钾肥用量，但需要考虑有机肥和秸秆还田带入的钾量。一般大田作物磷、钾肥料全部做基肥。

3. 中量、微量元素养分矫正施肥技术 中量、微量元素养分的含量变幅大，作物对其需要量也各不相同。主要与土壤特性（尤其是母质）、作物种类和产量水平等有关。矫

正施肥就是通过土壤测试，评价土壤中量、微量元素养分的丰缺状况，进行有针对性的因缺补缺的施肥。

（二）肥料效应函数法

根据“3414”方案田间试验结果建立当地主要作物的肥料效应函数，直接获得某一区域、某种作物的氮、磷、钾肥料的最佳施用量，为肥料配方和施肥推荐提供依据。

（三）土壤养分丰缺指标法

通过土壤养分测试结果和田间肥效试验结果，建立不同作物、不同区域的土壤养分丰缺指标，提供肥料配方。

土壤养分丰缺指标田间试验也可采用“3414”部分实施方案。“3414”方案中的处理1为空白对照（CK），处理6为全肥区（NPK），处理2、4、8为缺素区（即PK、NK和NP）。收获后计算产量，用缺素区产量占全肥区产量百分数即相对产量的高低来表达土壤养分的丰缺情况。相对产量低于50%的土壤养分为极低；相对产量50%～60%（不含）为低，60%～70%（不含）为较低，70%～80%（不含）为中，80%～90%（不含）为较高，90%（含）以上为高（也可根据当地实际确定分级指标），从而确定适用于某一区域、某种作物的土壤养分丰缺指标及对应的肥料施用数量。对该区域其他田块，通过土壤养分测试，就可以了解土壤养分的丰缺状况，提出相应的推荐施肥量。

（四）养分平衡法

1. 基本原理与计算方法　根据作物目标产量需肥量与土壤供肥量之差估算施肥量，计算公式为：

$$施肥量（千克/亩）=\frac{目标产量所需养分总量-土壤供肥量}{肥料中养分含量\times肥料当季利用率}$$

养分平衡法涉及目标产量、作物需肥量、土壤供肥量、肥料利用率和肥料中有效养分含量五大参数。土壤供肥量即为“3414”方案中处理1的作物养分吸收量。目标产量确定后因土壤供肥量的确定方法不同，形成了地力差减法和土壤有效养分校正系数法两种。

（1）地力差减法：是根据作物目标产量与基础产量之差来计算施肥量的一种方法。其计算公式为：

$$施肥量（千克/亩）=\frac{（目标产量-基础产量）\times单位经济产量养分吸收量}{肥料中养分含量\times肥料利用率}$$

基础产量即为“3414”方案中处理1的产量。

（2）土壤有效养分校正系数法：是通过测定土壤有效养分含量来计算施肥量。其计算公式为：施肥量（千克/亩）=

$$\frac{作物单位产量养分吸收量\times目标产量-土壤测试值\times0.15\times土壤有效养分校正系数}{肥料中养分含量\times肥料利用率}$$

2. 有关参数的确定

（1）目标产量：目标产量可采用平均单产法来确定。平均单产法是利用施肥区前3年平均单产和年递增率为基础确定目标产量，其计算公式是：

$$目标产量（千克/亩）=（1+递增率）\times前3年平均单产（千克/亩）$$

一般粮食作物的递增率为10%～15%，露地蔬菜为20%，设施蔬菜为30%。

（2）作物需肥量：通过对正常成熟的农作物全株养分的分析，测定各种作物百千克经济产量所需养分量，乘以目标常量即可获得作物需肥量。

$$\text{作物目标产量所需养分量（千克/亩）}=\frac{\text{目标产量}\times 100\text{ 千克产量所需养分量}}{100}$$

（3）土壤供肥量：土壤供肥量可以通过测定基础产量、土壤有效养分校正系数两种方法估算：

通过基础产量估算（处理1产量）：不施肥区作物所吸收的养分量作为土壤供肥量。

$$\text{土壤供肥量（千克/亩）}=\frac{\text{不施肥区农作物产量（千克）}\times 100\text{ 千克产量所需养分量（千克）}}{100}$$

通过土壤有效养分校正系数估算：将土壤有效养分测定值乘一个校正系数，以表达土壤“真实”供肥量。该系数称为土壤有效养分校正系数。

$$\text{土壤有效养分校正系数（\%）}=\frac{\text{缺素区作物地上部分吸收该元素量（千克/亩）}}{\text{该元素土壤测定值（毫克/千克）}\times 0.15}\times 100$$

（4）肥料利用率：一般通过差减法来计算：利用施肥区作物吸收的养分量减去不施肥区农作物吸收的养分量，其差值视为肥料供应的养分量，再除以所用肥料养分量就是肥料利用率。

$$\text{肥料利用率（\%）}=\frac{\text{施肥区农作物吸收养分量}-\text{缺素区农作物吸收养分量}}{\text{肥料利用率}\times\text{肥料中养分含量}}\times 100$$

上述公式以计算氮肥利用率为例来进一步说明。

施肥区（NPK区）农作物吸收养分量（千克/亩）：“3414”方案中处理6的作物总吸氮量；

缺氮区（PK区）农作物吸收养分量（千克/亩）：“3414”方案中处理2的作物总吸氮量；

肥料施用量（千克/亩）：施用的氮肥肥料用量；

肥料中养分含量（%）：施用的氮肥肥料所标明的含氮量。

如果同时使用了不同品种的氮肥，应计算所用的不同氮肥品种的总氮量。

（5）肥料养分含量：供施肥料包括无机肥料与有机肥料。无机肥料、商品有机肥料含量按其标明量，不明养分含量的有机肥料养分含量可参照当地不同类型有机肥养分平均含量获得。

第二节　测土配方施肥项目技术内容和实施情况

一、样品采集

左云县3年共采集土样4 600个，覆盖全县各个行政村所有耕地。采样布点根据县土壤图，做好采样规划，确定采样点位→野外工作带上取样工具（土钻、土袋、调查表、标签、GPS定位仪等）→联系村对地块熟悉的农户代表→到采样点位选择有代表性地块→GPS定位仪定位→S型取样→混样→四分法分样→装袋→填写内外标签→填写土样基本情况表的田间调查部分→访问土样点农户填写土样基本情况表其他内容→土样风干→送市土肥站化验。同时根据要求填写400个农户施肥情况调查表。3年累计采样任务是4 600个，全部完成。

二、田间调查

通过 3 年来对 300 户施肥效果跟踪调查，田间调查除采样表上所有内容外，还调查了该地块前茬作物、产量、施肥水平和灌水情况。同时定期走访农户，了解基肥和追肥的施用时间、施用种类、施用数量；灌水时间、灌水次数、灌水量。基本摸清该调查户作物产量、氮、磷、钾养分投入量、氮、磷、钾比例、肥料成本及效益。完成了测土配方施肥项目要求的 300 户调查任务。

三、分析化验

土壤和植株测试是测土配方施肥最为重要的技术环节，也是制定肥料配方的重要依据。所有采集的 4 600 个土壤样品按规定的测试项目进行测试，其中有机质和大量元素 4 600 个、中微量元素 1 100 个，共测试 50 600 项次，为制定施肥配方和田间试验提供了准确的基础数据。

测试方法简述：

（1）pH：土液比 1∶2.5，采用电位法。

（2）有机质：采用油浴加热重铬酸钾氧化容量法。

（3）全氮：采用凯氏蒸馏法。

（4）碱解氮：采用碱解扩散法。

（5）全磷：采用（选测 10%的样品）氢氧化钠熔融——钼锑抗比色法。

（6）有效磷：采用碳酸氢钠或氟化铵—盐酸浸提——钼锑抗比色法。

（7）全钾：采用氢氧化钠熔融——火焰光度计或原子吸收分光光度计法。

（8）速效钾：采用乙酸铵提取——火焰光度法。

（9）缓效钾：采用硝酸提取——火焰光度法。

（10）有效硫：采用磷酸盐—乙酸或氯化钙浸提——硫酸钡比浊法。

（11）阳离子交换量：采用（选测 10%的样品）EDTA——乙酸铵盐交换法。

（12）有效铜、锌、铁、锰：采用 DTPA 提取——原子吸收光谱法。

（13）有效钼：采用（选测 10%的样品）草酸—草酸铵浸提——极谱法草酸。

（14）水溶性硼：采用沸水浸提——甲亚胺—H 比色法或姜黄素比色法。

四、田间试验

按照山西省土壤肥料站制定的“3414”试验方案，围绕玉米、马铃薯安排“3414”试验 40 个，其中玉米 20 个，马铃薯 20 个。并严格按农业部测土配方施肥技术规范要求执行。通过试验初步摸清了主要作物土壤养分校正系数、土壤供肥量、农作物需肥规律和肥料利用率等基本参数。建立了主要作物的氮磷钾肥料效应模型，确定了作物合理施肥品种和数量，基肥、追肥分配比例，最佳施肥时期和施肥方法，建立了施肥指标体系，为配方设计和施肥指导提供了科学依据。

玉米和马铃薯“3414”试验操作规程如下：

根据全县地理位置、肥力水平和产量水平等因素，确定“3414”试验的试验地点→乡镇农技人员承担试验→玉米、马铃薯播前召开专题培训会→试验地基础土样采集和调查→地块小区规划→不同处理按照方案施肥→播种→生育期和农事活动调查记载→收获期测产调查→小区植株全株采集→小区土样采集→小区产量汇总→室内考种→试验结果分析汇总→撰写试验报告。在试验中除了要求试验人员严格按照试验操作规程操作，做好有关记载和调查外，县土肥站还在作物生长的关键时期组织专人到各试验点进行检查指导，确保试验成功。

五、配方制定与校正试验

在对土样认真分析化验的基础上，我们组织有关专家，汇总分析土壤测试和田间试验结果，综合考虑土壤类型、土壤质地、种植结构，分析气象资料和作物需肥规律，针对区域内的主要作物，进行优化设计提出不同分区的作物肥料配方，其中主体配方 7 个，科学拟定了 4 600 个施肥配方。3 年间，共安排校正试验 68 个。

六、配方肥加工与推广

依据配方，以单质、复混肥料为原料，生产或配制配方肥。主要采用两种形式，一是通过配方肥定点生产企业按配方加工生产配方肥，建立肥料营销网络和销售台账，向农民供应配方肥；二是农民按照施肥建议卡所需肥料品种，选用肥料，科学施用。左云县和山西省配方肥定点生产企业天丰公司合作，农业局提供肥料配方，天丰公司按照配方生产配方肥，通过县、乡、村三级科技推广网络和 15 余家定点供肥服务站进行供肥。3 年全县推广应用配方肥 2 250 多吨，配方肥施用面积 20 万亩次。

在配方肥推广上，我们的具体做法是：一是大搞技术宣讲，把测土配方施肥，合理用肥，施用配方肥的优越性讲的家喻户晓，人人明白，并散发有关材料；二是全县建立 15 个配方肥供应点及 1 个中心配肥站，由农委统一制作铜牌，挂牌供应；三是马铃薯、玉米播种季节，农委组织全体技术人员，到各配方肥供应点，指导群众合理配肥，合理施用配方肥；四是搞好配方肥的示范，让事实说话，通过以上措施，有效地推动全县配方肥的应用，并取得明显的经济效益。

七、数据库建设与地力评价

在数据库建设上，按照农业部规定的测土配方施肥数据字典格式建立数据库，以第二次土壤普查、历年土壤肥料田间试验和土壤监测数据资料为基础，收集整理了本次野外调查、田间试验和分析化验数据，委托山西农业大学资源环境学院进行图件制作和建立耕地资源管理信息系统。制作了 1∶50 000 测土配方、耕地土壤 pH、有机质、全氮、有效磷、速效钾、缓效钾、碱解氮、有效硫、有效铁有效锰、有效钼、有效硼、有效锌等养分分区图，1∶50 000土地利用现状图，1∶50 000县级土壤图，1∶50 000土壤调查点位图。建立起耕地地力评价属性数据库和空间数据库，对县域耕地进行了地力评价与等级划分。同时，开展了田间试验、土壤养分测试、肥料配方、数据处理、专家咨询系统等方面的技术研发工作，不断提升测土配方施肥技术水平。

八、化验室建设与质量控制

左云县原有化验室面积80米^2，经过扩建改装，现有化验室面积202米^2，具备了分室放置仪器、试剂、土样、资料等的需要，达到了项目要求，同时对化验室原有仪器设备进行了整理、分类、检修、调试，对化验室进行了重新布置，对电力、给排水管道等进行重新安装，缺乏的试剂、仪器通过招投标确定了仪器设备供应单位，新采购仪器有：原子吸收分光光度计、凯氏定氮仪、消煮炉、超纯水器、恒温干燥箱、真空干燥箱、恒温振荡仪、万分之一电子天平、百分之一电子天平、计算机、酸度计、风干盘、塑料土筛等先进仪器，使左云县化验室具备了对土壤、植物、化肥等进行常规分析化验的能力。化验室共配备专业化验人员2名，临时化验人员4名，经过专业培训上岗，化验过程严格按照《测土配方施肥技术规范》进行，确保了化验效果。

九、技术推广应用

3年来制作测土配方施肥建议卡13万份，其中2008年5万份，2009年5万份，2010年3万份，并发放到户。发放配方施肥建议卡的具体做法是：一是大村重点村，利用技术培训会进行发放；二是利用发放粮食直补款及良种补助款进行发放；三是利用玉米丰产方项目、玉米高产创建项目、退耕农民科技培训项目等项目发放地膜、化肥时一并发放；四是利用乡村传统庙会进行发放；五是通过乡村农业技术人员和村干部入户发放；确保建议卡全部发放到户。

3年来，左云县共举办各类培训班205场次，培训技术骨干3 600人次，培训科技示范户6 600人次，培训农民53 300人次，发放宣传资料38万份；广播电视宣传21次，报刊、简报宣传103次，刷写墙体广告142条，网络宣传13次，参加农村庙会及科技赶集80次，举办现场会15次。

3年来，在云兴镇、张家场乡、管家堡乡、三屯乡、小京张乡建立万亩测土配方施肥示范区7个，在张家场、马道头等乡镇建立千亩施肥示范区18个，示范面积88 000亩。建立村级示范区70个，占全县的31%。188个村将测土信息和施肥方案上墙展示，占全县行政村总数的82%。通过树立样板，展示测土施肥技术效果，促进测土配方施肥技术的辐射推广，有效地推动了配方肥的应用，取得了增产、节肥、增效良好的经济效益和生态效益。

十、专家系统开发

布置试验、示范，调整改进肥料配方，充实数据库，完善专家咨询系统，探索左云县主要农作物的测土配方施肥模型，不仅做到缺啥补啥，而且必须保证吃好不浪费，进一步提高利用率，节约肥料，降低成本，满足作物高产优质的需要。

第三节　田间肥效试验及施肥指标体系建立

根据农业部及省农业厅测土配肥项目实施方案的安排和省土肥站制定的《山西省主要作物“3414”肥料效应田间试验方案》、《山西省主要作物测土配方施肥示范方案》所规定标准，为摸清左云县土壤养分校正系数，土壤供肥能力，不同作物养分吸收量和肥料利用率等基本参数；掌握农作物在不同施肥单元的优化施肥量，施肥时期和施肥方法；构建农作物科学施肥模型，为完善测土配方施肥技术指标体系提供科学依据，从2008年春播起，我们在大面积实施测土配方施肥的同时，安排实施了各类试验示范，取得了大量的科学试验数据，为下一步的测土配方施肥工作奠定了良好的基础。

一、测土配方施肥田间试验的目的

田间试验是获得各种作物最佳施肥品种、施肥比例、施肥时期、施肥方法的唯一途径，也是筛选、验证土壤养分测试方法、建立施肥指标体系的基本环节。通过田间试验，掌握各个施肥单元不同作物优化施肥数量，基、追肥分配比例，施肥时期和施肥方法；摸清土壤养分较正系数、土壤供肥能力、不同作物养分吸收量和肥料利用率等基本参数；构建作物施肥模型，为施肥分区和肥料配方设计提供依据。

二、测土配方施肥田间试验方案的设计

（一）田间试验方案设计

按照农业部《规范》的要求，以及山西省农业厅土壤肥料工作站《测土配方施肥实施方案》的规定，根据左云县主栽作物为玉米和马铃薯的实际，采用“3414”方案设计（设计方案见表5-1)。“3414”的含义是指氮、磷、钾3个因素、4个水平、14个处理。4个水平的含义：0水平指不施肥；2水平指当地推荐施肥量；1水平=2水平×0.5；3水平=2水平×1.5（该水平为过量施肥水平)。马铃薯“3414”试验二水平处理的施肥量（千克/亩)，N 12、P_2O_5 8、K_2O 12，玉米二水平处理的施肥量（千克/亩)，N 14、P_2O_5 8、K_2O 8，校正试验设配方施肥示范区、常规施肥区、空白对照区3个处理，按照省土肥站示范方案进行。

表5-1　“3414”完全试验设计方案处理编制表

试验编号	处理编码	施肥水平		
		N	P	K
1	$N_0P_0K_0$	0	0	0
2	$N_0P_2K_2$	0	2	2
3	$N_1P_2K_2$	1	2	2

（续）

试验编号	处理编码	施肥水平		
		N	P	K
4	$N_2P_0K_2$	2	0	2
5	$N_2P_1K_2$	2	1	2
6	$N_2P_2K_2$	2	2	2
7	$N_2P_3K_2$	2	3	2
8	$N_2P_2K_0$	2	2	0
9	$N_2P_2K_1$	2	2	1
10	$N_2P_2K_3$	2	2	3
11	$N_3P_2K_2$	3	2	2
12	$N_1P_1K_2$	1	1	2
13	$N_1P_2K_1$	1	2	1
14	$N_2P_1K_1$	2	1	1

（二）试验材料

供试肥料分别为中国石化生产的46%尿素，云南军马牌16%过磷酸钙，运城南风化工集团生产的50%硫酸钾。

三、测土配方施肥田间试验设计方案的实施

（一）地点与布局

在左云县多年耕地土壤肥力动态监测和耕地分等定级的基础上，将左云县耕地进行高、中、低肥力区划，确定不同肥力的测土配方施肥试验所在地点，同时在对承担试验的农户科技水平与责任性、地块大小、地块代表性等条件综合考察的基础上，确定试验地块。试验田的田间规划、施肥、播种、浇水以及生育期观察、田间调查、室内考种、收获计产等工作都由专业技术人员严格按照田间试验技术规程进行操作。

左云县的测土配方施肥“3414”类试验主要在玉米、马铃薯上进行。2008—2010年，3年共完成“3414”完全试验40个，其中，玉米“3414”试验20个，马铃薯“3414”试验20个，安排配方校正试验68个。

（二）试验地选择

试验地选择平坦、整齐、肥力均匀，具有代表性的不同肥力水平的地块；坡地选择坡度平缓、肥力差异较小的田块；试验地避开了道路、堆肥场所等特殊地块。

（三）试验作物品种选择

田间试验选择当地主栽作物品种或拟推广品种。

（四）试验准备

整地、设置保护行、试验地区划；小区应单灌单排，避免串灌串排；试验前采集了土

壤样品。

（五）测土配方施肥田间试验的记载

田间试验记载的具体内容和要求：

1. 试验地基本情况

地点：省、市、县、村、邮编、地块名、农户姓名。

定位：经度、纬度、海拔。

土壤类型：土类、亚类、土属、土种。

土壤属性：土体构型、耕层厚度、地形部位及农田建设、侵蚀程度、障碍因素、地下水位等。

2. 试验地土壤、植株养分测试　有机质、全氮、碱解氮、有效磷、速效钾、pH 等土壤理化性状，必要时进行植株营养诊断和中微量元素测定等。

3. 气象因素　多年平均及当年分月气温、降水、日照和湿度等气候数据。

4. 前茬情况　作物名称、品种、品种特征、亩产量以及 N、P、K 肥和有机肥的用量、价格等。

5. 生产管理信息　灌水、中耕、病虫防治、追肥等。

6. 基本情况记录　品种、品种特性、耕作方式及时间、耕作机具、施肥方式及时间、播种方式及工具等。

7. 生育期记录

玉米主要记录：播种期、播种量、平均行距、出苗期、拔节期、孕穗期、抽穗期、灌浆期、成熟期等。

马铃薯主要记录：播种期、播种量、平均行距、出苗期、现蕾期、开花期、块茎膨大期、成熟期等。

8. 生育指标调查记载　主要调查和室内考种记载：亩株数、株高、单株次生根、穗位高及节位、亩收获穗数、穗长、穗行数、穗粒数、百粒重、小区产量等。

（六）试验操作及质量控制情况

试验田地块的选择严格按方案技术要求进行，同时要求承担试验的农户要有一定的科技素质和较强的责任心，以保证试验田各项技术措施准确到位。

（七）数据分析

田间调查和室内考种所得数据，全部按照肥料效应鉴定田间试验技术规程操作，利用 Excel 程序和“3414”田间试验设计与数据分析管理系统进行分析。

四、田间试验实施情况

（一）试验情况

1. “3414”完全试验　共安排 40 点次，其中玉米 20 个，马铃薯 20 个。试验分别设在 8 个乡（镇）的 10 个村庄。

2. 校正试验　共安排 68 点次，其中玉米 38 个，马铃薯 30 个，分布在 8 个乡（镇）的 11 个村庄。

(二)试验示范效果

1."3414"完全试验

(1)玉米"3414"完全试验:共试验 20 次。综观试验结果,玉米的肥料障碍因子首位的是氮,其次才是磷钾因子。经过各点试验结果与不同处理进行回归分析,得到三元二次方程 20 个,其相关系数全部达到极显著水平。

(2)马铃薯"3414"完全试验:共试验 20 次。综观试验结果,马铃薯的肥料障碍因子首位的是氮,其次才是磷钾因子。经过各点试验结果与不同处理进行回归分析,得到三元二次方程 20 个,其相关系数全部达到极显著水平。

2. 校正试验 完成 68 点次,其中玉米 38 个,通过校正试验 3 年玉米平均配方施肥比常规施肥亩增产玉米 18 千克,增产 4.9%,亩增纯收益 33.2 元。马铃薯 30 个,通过校正试验 3 年玉米平均配方施肥比常规施肥亩增产马铃薯 96 千克,增产 9.8 %,亩增纯收益 99 元。

五、初步建立了玉米测土配方施肥丰缺指标体系

(一)初步建立了作物需肥量、肥料利用率、土壤养分校正系数等施肥参数

1. 作物需肥量 作物需肥量的确定,首先掌握作物 100 千克经济产量所需的养分量。通过对正常成熟的农作物全株养分分析,可以得出各种作物的 100 千克经济产量所需养分量。左云县玉米 100 千克产量所需养分量为 N 2.57 千克,P_2O_5 0.86 千克,K_2O 2.14 千克;马铃薯 1 000 千克产量所需养分量为 N 4.7 千克,P_2O_5 1.9 千克,K_2O 8.8 千克。计算公式:作物需肥量[目标产量(千克)/100]×100 千克所需养分量(千克)。

2. 土壤供肥量 土壤供肥量可以通过测定基础产量计算:

不施肥区作物所吸收的养分量作为土壤供肥量,计算公式:土壤供肥量=不施肥区作物产量(千克)/100 千克产量所需养分量(千克)。

通过土壤养分校正系数计算:将土壤有效养分测定值乘一个校正系数,以表达土壤"真实"的供肥量。

确定土壤养分校正系数的方法是:校正系数=缺素区作物地上吸收该元素量/该元素土壤测定值×0.15。根据这个方法,初步建立了左云县玉米田不同土壤养分含量下的碱解氮、有效磷、速效钾的校正系数。

表 5-2 土壤养分含量及校正系数

碱解氮	含量	<30	30~60	60~90	90~120	>120
	校正系数	>1.0	0.8~1.0	0.6~0.8	0.5~0.6	<0.5
有效磷	含量	<5.0	5.0~10	10~20	20~30	>30
	校正系数	>1.0	0.9~1.0	0.7~0.9	0.5~0.7	<0.5
速效钾	含量	<50	50~100	100~150	150~200	>200
	校正系数	>1.0	0.7~1.0	0.5~0.7	0.4~0.5	<0.4

3. 肥料利用率 肥料利用率通过差减法来求出。方法是:利用施肥区作物吸收的养分量减去不施肥区作物吸收的养分量,其差值为肥料供应的养分量,再除以所用肥料养分

量就是肥料利用率。根据这个方法，初步提出左云县玉米肥料利用率分别为 N 28.5%，P_2O_5 12.4%，K_2O 37%。

4. 肥料农学效率　肥料农学效率（AE）是指特定施肥条件下，单位施肥量所增加的作物经济产量。它是施肥增产效应的综合体现，施肥量、作物种类和管理措施都会影响肥料的农学效率。肥料农学效率直接反映了施肥的增产状况，通过分析肥料的农学效率，可以用来定量特定施肥条件下化肥增产作用，进行点上的肥料效应分析；也可以进行区域施肥效应分析。在具体应用中，施肥量通常用纯养分（如 N、P_2O_5 和 K_2O）来表示，即氮肥农学效率通常是指投入每千克纯氮所增加的经济产量数量，磷肥农学效率通常是指投入每千克 P_2O_5 所增加的经济产量数量，钾肥农学效率通常是指投入每千克 K_2O 所增加的经济产量数量。我们利用"3414"完全试验的空白对照区、无氮区（PK）、无磷区（NK）、无钾区（NP）、氮磷钾区（NPK）5 个处理分别测算了氮、磷、钾肥和氮磷钾的肥料农学效率。测算公式如下：

$$AE = (Y_f - Y_0)/F$$

式中：AE——肥料农学效率，单位为千克/千克；

Y_f——某一特定的化肥施用下作物的经济产量，单位为千克/亩；

Y_0——对照（不施特定化肥条件下）作物的经济产量，单位为千克/亩；

F——肥料纯养分（是指 N、P_2O_5 和 K_2O）投入量，单位为千克/亩。

氮肥农学效率：

$$AEN = (YNPK - YPK)/FN$$

经过测算，玉米氮肥农学效率变化范围为 6～13.4 千克/千克，平均为 12.3 千克/千克。

磷肥农学效率：

$$AEP = (YNPK - YNK)/FP$$

经过测算，玉米磷肥农学效率变化范围为 19.3～36.8 千克/千克，平均为 32.2 千克/千克。

钾肥农学效率：

$$AEK = (YNPK - YNP)/FK$$

经过测算，玉米钾肥农学效率变化范围为 9.9～28.5 千克/千克，平均为 25.5 千克/千克。

5. 目标产量的确定方法　利用施肥区前 3 年平均亩产和年递增率为基础确定目标产量，其计算公式是：

目标产量（千克/亩）=（1+年递增率）×前 3 年平均单产（千克/亩）

递增率以 10%～15%为宜。

6. 施肥方法　最常用的是条施、穴施和全层施。基肥采用条施、或撒施深翻或全层施肥；追肥采用条施、穴施。

（二）初步建立了玉米丰缺指标体系

通过对各试验点相对产量与土测值的相关分析，按照相对产量达≥95%、90%～95%、75%～90%、50%～75%、<50%将土壤养分划分为"极高"、"高"、"中"、"低"、"极低"5 个等级，初步建立了"左云县玉米测土配方施肥丰缺指标体系"。同时，根据

"3414"试验结果，采用一元模型对施肥量进行模拟，根据散点图趋势，结合专业背景知识，选用一元二次模型或线性加平台模型推算作物最佳产量施肥量。按照土壤有效养分分级指标土进行统计、分析，求平均值及上下限。

1. 玉米碱解氮丰缺指标 由于碱解氮的变化大，建立丰缺指标及确定对应的推荐施肥量难度很大，目前我们在实际工作中上应用养分平衡法来进行施肥推荐。

表 5-3 左云县玉米碱解氮丰缺指标

等级	相对产量（%）	土壤碱解氮含量（毫克/千克）
极高	>95	>100
高	90～95	80～100
中	75～90	44～80
低	50～75	16～44
极低	<50	<16

2. 玉米有效磷丰缺指标

表 5-4 左云县玉米有效磷丰缺指标

等级	相对产量（%）	土壤有效磷含量（毫克/千克）
极高	>95	>27
高	90～95	18～27
中	75～90	7～18
低	50～75	1.8～7
极低	<50	<1.7

3. 玉米速效钾丰缺指标

表 5-5 左云县玉米速效钾丰缺指标

等级	相对产量（%）	土壤速效钾含量（毫克/千克）
极高	>95	>142
高	90～95	120～142
中	75～90	72～120
低	50～75	30～72
极低	<50	<30

第四节 主要作物不同区域测土配方施肥技术

立足左云县实际情况，根据历年来的玉米、马铃薯产量水平，土壤养分检测结果，田间肥料效应试验结果，同时结合左云县农田基础和多年来的施肥经验等，制定了玉米、马铃薯配方施肥方案，提出了玉米、马铃薯的主体施肥配方方案，并和配方肥生产企业联合，大力推广应用配方肥，取得了很好的实施效果。

制定施肥配方的原则

（1）施肥数量准确：根据土壤肥力状况、作物营养需求，合理确定不同肥料品种施用数量，满足农作物目标产量的养分需求，防止过量施肥或施肥不足。

（2）施肥结构合理：提倡秸秆还田，增施有机肥料，兼顾中微量元素肥料，做到有机无机相结合，氮、磷、钾养分相均衡，不偏施或少施某一养分。

（3）施用时期适宜：根据不同作物的阶段性营养特征，确定合理的基肥追肥比例和适宜的施肥时期，满足作物养分敏感期和快速生长期等关键时期养分需求。

（4）施用方式恰当：针对不同肥料品种特性、耕作制度和施肥时期，坚持农机农艺结合，选择基肥深施、追肥条施穴施、叶面喷施等施肥方法，减少撒施、表施等。

一、玉米配方施肥总体方案

（一）玉米需肥规律

1. 玉米对肥料三要素的需求量　玉米是需肥水较多的高产作物，一般随着产量提高，所需营养元素也在增加。玉米全生育期吸收的主要养分中，以氮为多、钾次之、磷较少。玉米对微量元素尽管需要量少，但也不可忽视，特别是随关产量水增的提高，施用微量的增产效果更加显著。

综合国内外研究资料，一般每生产 100 千克玉米籽粒，需吸收氮 2.2～4.2 千克，磷 0.5～1.5 千克，钾 1.5～4 千克，肥料三要素的比例约为 3∶1∶2。左云县玉米吸收氮、磷、钾分别为 2.57、0.86、2.14。吸收量常受播种季节、土壤肥力、肥料种类和品种特性的影响，据全国多点试验，玉米植株对氮、磷、钾的吸收量常随产量的提高而提高。

2. 玉米各生育期对三要素的需求规律　玉米苗期生长相对较慢，只要施足基肥，就可满足其需要，拔节后到抽雄前，茎叶旺盛生长，内部的生殖器官同时也迅速分化发育，是玉米一生中养分需求最多的时期，必须供应足够的养分，才能达到穗大、粒多、高产的目的；生育后期，籽粒灌浆时间较长，仍需一定量的肥、水，使之不早衰，确保灌浆充分。一般来讲，玉米有两个需肥关键时期，一是拔节到孕穗期；二是抽雄到开花期。玉米对肥料三要素的吸收规律为：

（1）氮素的吸收：苗期氮素吸收时占总氮量的 2%，拔节期到抽雄开花氮吸收量占总氮量的 51.3%，后期氮的吸收量占总氮量的 46.7%。

（2）磷素的吸收：苗期吸磷少，约占总磷量的 1%，苗期玉米的含磷量高，是玉米需磷的敏感期；抽雄期吸磷达高峰，占总磷量的 64%，籽粒形成期吸收速度加快，乳熟至蜡熟期达最大值，成熟期吸收速度下降。

（3）钾素的吸收：钾素的吸收累计量在展三叶期，仅占总量的 3%，拔节后抽雄吐丝期达总量的 96%，籽粒形成期钾的吸收处于停止状态。由于钾的外渗、淋失，成熟期钾的总量有降低的趋势。

（二）高产栽培配套技术

1. 品种选择与处理　选用全县常年种植面积较大的“内早 1 号”作为骨干品种。种子质量要达国家一级标准，播前须进行包衣处理，以控制苗期灰飞虱、玉米蚜、蛴螬等的危害。

2. 实行机械播种，确保苗全、苗齐、苗匀。

3. 病虫害综合防治 苗期重点防治小地老虎、黑绒金龟子，大喇叭口期重点防治草地螟。

4. 水分及其他管理 水分管理应重点浇好拔节水、抽雄开花水和灌浆水，出苗水和大喇叭口应视天气和田间土壤水分情况灵活掌握。

大喇叭口期应喷施玉米健壮素 1 次，以控高促壮，提高光合效率，增加经济产量。

5. 适时收获、增粒重、促高产 春季在力争早播前提下，还须实行适当晚收，以争取较高的粒重和产量，一般情况下应在蜡熟后期收获。

（三）玉米施肥技术

总量控制：施氮量（千克/亩）＝目标产量所需的养分－土壤测试值×1.5×校正系数/肥料利用率。

目标产量：根据左云县近年来的实际，按低、中、高 3 个肥力等级，目标产量设置为 200 千克、300 千克、400 千克。

1. 氮的管理 单位产量吸收氮量：按 3 年的试验结果看 100 千克籽粒需氮 2.57 千克计算。施肥时期及用量：要求分 2 次施入，第一次在 7～8 叶期施入总量的 30%，第二次在大喇叭口期施入总量的 70%。

2. 磷、钾的管理 按每生产 100 千克玉米需 P_2O_5 0.86 千克，需 K_2O 2.14 千克。

目标产量为 300 千克时，亩玉米吸磷量为 300×0.86/100＝2.58 千克，其中约 75% 被籽粒带走。当耕地土壤有效磷低于 7 毫克/千克时，磷肥的管理目标就是通过增施磷肥提高作物产量和土壤有效磷含量，磷肥施用量为籽粒带走量的 1.5 倍，施磷量（千克/亩）＝2.58×75%×1.5；当耕地土壤有效磷为 7～18 毫克/千克时，磷肥的管理目标是维持现有土壤有效磷水平，磷肥用量等于作物带走量，施磷量＝5.48×75%，当耕地土壤有效磷高于 18 毫克/千克时，施磷的增产潜力不大，每亩只适当补充 1 千克 P_2O_5 即可。

目标产量为 300 千克时，亩玉米吸磷量为 300×2.14/100＝6.42 千克，其中约 27% 被籽粒带走。当耕地土壤速效钾低于 72 毫克/千克时，钾肥的管理目标就是通过增施钾肥提高作物产量和土壤速效钾含量，钾肥施用量为作物带走量的 1.5 倍，施钾量（千克/亩）＝6.42×27%×1.5；当耕地土壤速效钾 为 72～120 毫克/千克时，钾肥的管理目标是维持现有土壤速效钾水平，钾肥用量等于作物带走量，施磷量＝2.6×27%，当耕地土壤速效钾高于 120 毫克/千克时，施钾的增产潜力不大，一般不用再施钾肥。

（四）不同地力氮、磷、钾施用量

表 5－6 左云县玉米测土配方施肥量表

单位：千克/亩

目标产量（千克）	氮（N）			磷（P_2O_5）			钾（K_2O）		
	低	中	高	低	中	高	低	中	高
200～300	8.02	6.96	6.16	5.74	3.49	3.10	3.57	2.36	0.00
300～400	9.99	8.83	7.35	5.67	4.11	3.99	4.14	2.59	0.00
400～500	12.94	11.44	9.64	6.91	5.74	4.91	5.20	3.67	2.00

（五）微肥用量的确定

左云县盐碱地由于土壤 pH 高，降低了锌的有效性，所以土壤有效性不足，另外又由于土壤有效锌与有效磷呈反比关系，故锌肥的施用量为：盐碱地每亩施用 2.4 千克硫酸锌，土壤有效锌较高量，亩施硫酸锌 1.5～2 千克，土壤有效磷为中时，亩施硫酸锌 1～1.5 千克，土壤有效磷为低时，亩用 0.2%的硫酸锌溶液在苗期连喷 2～3 次。

二、无公害马铃薯生产操作规程与施肥方案

马铃薯在左云县分布最广，全县各个乡、村都有种植。集中在管家堡、水窑乡、三屯乡和张家场乡，建立了 6 万亩的马铃薯无公害生产基地。

根据无公害马铃薯生长技术规程（NY 5221—2005）制定本生产操作规程，适用于左云县无公害蔬菜生产基地内马铃薯的生产。

（一）品种选择与栽培季节

1. 品种选择　马铃薯品种选择表皮光滑、芽眼浅、外观性状好、抗病、丰产、优质、适销对路的脱毒种薯，主要品种有东北白、紫花白、晋薯 7 号等，亩用量 125～150 千克。

2. 栽培季节 5 月上旬至 5 月中旬播种，9 月中旬至 10 月上旬收获。

（二）播种前的准备

1. 整地施肥　禁止使用未经国家和省级部门登记的化学或生物肥料，禁止使用硝氮肥。禁止使用城市垃圾、污泥、工业废渣。马铃薯的施肥以基肥为主，亩施有机肥 2 500 千克，碳酸氢铵 50 千克，过磷酸钙 50 千克，硫酸钾 20 千克。

2. 种薯处理　把出窖后经过严格挑选的种薯，装在麻袋、塑料网袋里或堆放在空房子、日光温室和仓库等处，使温度保持在 10～15℃，有散射光线即可。经过 15 天左右，当芽眼刚刚萌发动见到小白芽时，就可以切牙播种了，如果种薯数量少，可把种薯摊开为 2～3 层，摆放在光线充足的房间或日光温室里，使温度保持在 10～15℃，让阳光晒着，并经常翻动，当薯皮发绿芽萌动时，就可以切牙播种了，切块时注意每个芽块的重量最大达到 50 克（1 两），最小不能低于 30 克（0.6 两）。

（三）播种

1. 播种期　地膜覆盖春播马铃薯要求当 10 厘米深度地温稳定通过 5℃，以达到 6～7℃，较为适宜，一般在 5 月上旬至 5 月中旬播种比较适宜，土壤含水量为 14%～16%时播种。

2. 播种密度　马铃薯种植以垄（行）距 60～70 厘米、株距在 24～26 厘米较好。肥水充足植株相对稀植，地力较差，种植相对密一些，亩留苗 3 000～3 500 株。

3. 播种深度　一般播种深度为 8～10 厘米。

4. 播种量　马铃薯的播种量与品种、栽植密度、切块大小及播种方式等有关，一般切块播种每亩用种 125～150 千克。

（四）田间管理

1. 中耕培土　马铃薯播种后 30 天左右出苗，出苗后应及时查苗补苗，轻锄松土，以利出苗，苗高 12～15 厘米，结合培土进行第二次中耕除草，在封垄前进行第三次中耕培土。

2. 水肥管理　旱地马铃薯一般不追肥浇水，地膜覆盖早熟栽培遇春旱时人工浇水 1

次，同时中耕。

3. 摘除花蕾形成花序抽出时，及时摘除。

4. 病虫害防治

（1）农业防治：针对主要病虫控制对象，选用高抗多抗的脱毒种薯；实行严格轮作制度，与非茄科作物轮作3年以上，在地块周围适当种植高秆作物作防护带，增施充分腐熟的有机肥，少施化肥；清洁田园。

（2）物理防治：覆盖银灰色地膜驱避蚜虫，利用频振式杀虫灯、性诱剂诱杀成虫。

（3）化学防治：晚疫病用72%的克露或75%的达科宁任意一种，每亩用量为100～150克，加水50升稀释，用喷雾器均匀喷施马铃薯苗，每隔7天喷1次，交替换药，收获前20天停止用药。二十八星瓢虫：用2.5%的敌杀死或2.5%功夫，每亩用药20～30毫升，加水50升稀释，进行田间喷雾，每隔7～10天1次，连喷2～3次，收获前15天停止用药。

（五）收获、包装适期收获

收获标准为：茎叶有绿变黄，薯块易从茎上脱落，用手指擦薯块，表皮脱落，用刀削薯块，伤口易干燥，收获时要避免损伤薯块，收获的马铃薯要避免暴晒，经暴晒的薯块易腐烂，不耐存储，将达到商品标准要求的块茎分级后统一包装上市。

（六）马铃薯需肥特性

1. 马铃薯不同生长时期对养分的需求特点　马铃薯整个生育期间，因生育阶段不同，其所需营养物质的种类和数量也不同。幼苗期吸肥量很少，发棵期吸肥量迅速增加，到结薯初期达到最高峰，而后吸肥量急剧下降。各生育期吸收氮（N）、磷（P_2O_5）、钾（K_2O）三要素，按占总吸肥量的百分数计算，发芽到出苗期分别为6%、8%和9%，发棵期分别为38%、34%和36%，结薯期为56%、58%和55%。三要素中马铃薯对钾的吸收量最多，其次是氮，磷最少。试验表明，每生产1 000千克块茎，需吸收氮（N）4.8千克、磷（P_2O_5）1.9千克、钾（K_2O）8.8千克，氮、磷、钾比例为2.5∶1∶5.3。马铃薯对氮、磷、钾肥的需要量随茎叶和块茎的不断增长而增加。在块茎形成盛期需肥量约占总需肥量的60%，生长初期与末期约各需总需肥量的20%。

2. 马铃薯施肥量测定与计算

确定目标产量：根据左云县近年来马铃薯生产的实际和主要生产区域分布在中等肥力的地块，目标产量设置为1 300千克。某地块为中肥力土壤，当年计划马铃薯产量达到1 300千克/亩，则马铃薯整个生育期所需要的氮、磷、钾养分量分别为6.24千克/亩、2.47千克/亩、11.44千克/亩。

计算土壤养分供应量：测定土壤中速效养分含量，然后计算出土壤养分应用量。1亩地表土按深20厘米计算，共有15万千克土，如果土壤碱解氮的测定值为53毫克/千克，有效磷含量测定值为11.7毫克/千克，速效钾含量测定值为102毫克/千克，则1公顷地块土壤有效碱解氮的总量为：1.5×53＝7.95千克，有效磷总量为1.76千克，速效钾总量为15.3千克。由于土壤多种因素影响土壤养分的有效性，土壤中所有的有效养分并不能全部被马铃薯吸收利用，需要乘上一个土壤养分校正系数。经过3年在此地的试验结果统计，碱解氮的校正系数在0.57，有效磷的校正系数在0.46，速效钾的校正系数在0.66。氮磷钾化肥利用率为：氮26%～33%、磷15%～21%、钾40%～50%。

确定马铃薯施肥量：根据马铃薯全生育期所需要的养分量、土壤养分供应量及肥料利用率即可直接计算马铃薯的施肥量。再把纯养分量转换成肥料的实物量，即可用于指导施肥。

根据以上数据，单产马铃薯 1 300 千克/亩，所需纯氮量为［(6.24－7.95)×0.57］÷0.295＝5.7 千克/公顷；磷肥用量为（2.47－1.76)×0.46÷0.18＝9.25 千克/公顷，考虑到磷肥后效明显，所以磷肥可以按 60%施用，即施 5.55 千克/公顷。钾肥用量为（11.44－15.3)×0.66÷0.45＝2.98 千克/公顷。

马铃薯施肥方法：

基肥：有机肥、钾肥、大部分磷肥和氮肥都应作基肥，磷肥最好和有机肥混合沤制后施用。基肥可以在秋季或春季结合耕地沟施或撒施。

种肥：马铃薯每亩用 3 千克尿素、5 千克过磷酸钙混合 100 千克有机肥，播种时条施或穴施于薯块旁，有较好的增产效果。

追肥：马铃薯一般在开花以前进行追肥，早熟品种应提前施用。开花以后不宜追施氮肥，以免造成茎叶徒长，影响养分向块茎的输送，造成减产。可根外喷洒磷钾肥。

微肥的施用：马铃薯对微量元素硼、锌较敏感，如果土壤中有效锌含量低于 0.5 毫克/千克，则需要施用锌肥。土壤中锌的有效性在酸性条件下比碱性条件要高，所以碱性和石灰性土壤易缺锌。长期施磷肥的地区，由于磷与锌的拮抗作用，易诱发缺锌，应给予补充。常用锌肥硫酸锌，基肥用量 7.5～37.5 千克/公顷，每千克肥料拌种 4.0～5.0 克，浸种浓度 0.02%～0.05%。如果复合肥中含有一定量的锌则不必单独施锌肥。

三、莜麦测土配方施肥方案

1. 产量水平 50～75 千克　莜麦产量在 50～75 千克/亩的地块，氮肥用量推荐为 3～3.5 千克/亩，磷肥（P_2O_5）1～2 千克/亩，亩施农家肥 1 000 千克以上。

2. 产量水平 75～100 千克　莜麦产量在 75～100 千克/亩的地块，氮肥用量推荐为 3.5～4.5 千克/亩，磷肥（P_2O_5）2～3 千克/亩，亩施农家肥 1 000 千克以上。

3. 产量水平 100～150 千克　莜麦产量在 100～150 千克/亩以上的地块，氮肥用量推荐为 4.5～5.5 千克/亩，磷肥（P_2O_5）4.5～6 千克/亩，亩施农家肥 1 500 千克以上。

4. 施肥方法

（1）基肥：基肥是莜麦全生育期养分的源泉，是提高莜麦产量的基础，因此莜麦都应重视基肥的施用，特别是旱地莜麦，有机肥、磷肥和氮肥以作基肥为主。基肥应在播种前一次施入田间，春旱严重、气温回升迟且慢、保苗困难的区域最好在头年结合秋深耕施基肥，效果更好。

（2）种肥：莜麦苗期根系弱，很容易在苗期出现营养缺乏症，特别是晋北区莜麦苗期，磷素营养更易因地温低、有效磷释放慢且少而影响莜麦的正常生长，因此每亩用 0.5～1.0 千克 P_2O_5和 1.0 千克纯氮作种肥，可以收到明显的增产效果。种肥最好先用耧施入，然后再播种。

（3）追肥：莜麦的拔节孕穗期是养分需要较多的时期，条件适宜的地方可结合中耕培土用氮肥总量的 20%～30%进行追肥。

第六章　中低产田类型分布及改良利用

第一节　中低产田类型、面积与分布

根据耕作土壤的产量水平和生产潜力，把耕地划分为高产田、中产田和低产田。左云县耕地由于多种障碍因素的存在，制约着全县农业生产的发展和耕地生产能力的提高。通过这次对全县耕地地力状况的调查与综合评价，确定左云县总耕地面积58.04万亩，其中高产田2.2万亩（占全县耕地面积的3.79%），55.84万亩（占全县耕地面积的96.21%）是中低产田。其形成的主要原因各不相同，往往是诸多因子共同作用的结果，如干旱、土壤侵蚀、盐渍化、沙化、障碍层次等。在这次调查与评价中，根据土壤主导障碍因素及改良利用主攻方向，把左云县中低产田划分为以下6个主要类型：干旱灌溉型、瘠薄培肥型、坡地梯改型、沙化耕地型、盐碱耕地型、障碍层次型。见表6－1。

表6－1　左云县中低产田构成表

类型	面积（万亩）	占总耕地面积（%）	占中低产田（%）
干旱灌溉型	3.70	6.37	6.62
瘠薄培肥型	24.18	41.65	43.29
坡地梯改型	21.14	36.43	37.87
沙化耕地型	1.04	1.79	1.86
盐碱耕地型	2.16	3.73	3.87
障碍层次型	3.62	6.24	6.49
合计	55.84	96.21	100.00

一、干旱灌溉型

干旱灌溉型（灌溉改良型）是指由于气候条件形成的降雨量不足或季节分配不合理，缺少必要的调蓄工程，以及由于地形、土壤原因造成的保水蓄水能力缺陷等原因，在作物生长季节不能满足正常水分需要，同时又具备水资源开发条件，可以通过发展灌溉加以改造的耕地。如地下水源丰富、有地表水源（水库、河流）可补给等，可以通过工程措施打井、修建灌溉系统发展灌溉农业。

左云县灌溉改良型耕地主要以地形部位以及灌溉条件（灌溉保证率小于50%）等指标来作为划分标准。主要分布在元子河、十里河二级阶地洪积扇中下部，倾斜平原和丘陵平缓处。土壤母质为黄土状母质、冲积物、洪积物、残积物，主要土类为黄土状淡栗褐土和黄土质淡栗褐土。

左云县干旱灌溉型中低产田面积 3.70 万亩，占耕地面积的 6.37%，占中低产田面积的 6.62%。

干旱灌溉型耕地主要分布在河流两岸的二级阶地和洪积扇中上部，地下水埋藏不深和可发展自流灌溉的边山峪口处。

二、瘠薄培肥型

瘠薄培肥型是指受气候、地形等难以改变的大环境（干旱、无水源、高寒）影响，以及距离居民居住点远，施肥不足，土壤结构不良，养分含量低，抵御自然灾害的能力弱，产量低而不稳，除采取农艺措施外，当前又无其他见效快、大幅度提高农作物产量的治本性措施（如发展灌溉），只能通过长期培肥加以逐步改良的耕地。

左云县瘠薄培肥型耕地主要是以地形部位、土壤侵蚀程度、耕地有机质、全氮、有效磷、有效钾含量、作物平均产量等来划分的，主要分布在丘陵区缓坡地及洪积扇顶部，成土母质为洪积母质、黄土母质、冲积母质、残积母质。主要土类为淡栗褐土、洪积栗褐土、黄土状栗褐土等。

瘠薄培肥型耕地面积 24.18 万亩，占总耕地面积的 41.65%，占中低产田面积的 43.29%。瘠薄培肥型土壤全县各乡（镇）都有分布，以黄土丘陵为主，高级阶地上也有部分分布。

三、坡地梯改型

坡地梯改型指地表起伏不平，坡度较大，水土流失严重，必须通过修筑梯田梯埂等田间水保工程加以改良治理的坡耕地。

左云县坡地梯改型耕地是从低山地区、洪积扇上部，地形坡度大于 15°的耕地中划分出来的。主要分布在山前丘陵和山前洪积扇上，土壤母质为黄上母质、黄土状母质和洪积物。土壤类型为黄土质淡栗褐土性土，耕层质地为壤质沙土和粉沙质壤土。

左云县坡地梯改型中低产田面积较大，现有 21.14 万亩，占总耕地面积的 36.43%，占中低产田面积的 37.87%。

坡地梯改型土壤全县各乡（镇）都有分布，分布面积最多的是小京庄乡、三屯乡、管家堡乡、张家场乡、马道头乡、店湾乡、水窑乡分布面积较少。

四、沙化耕地型

沙化耕地型是指受气候、地形、成土母质的影响，质地较轻，质地为沙土或沙壤，土壤肥力低，施用的氮肥损失大，土体干燥，土壤结构松散，固结力差，受到强烈的风蚀，特别是春季干旱时节风大风多，黄土类物质固结性差，植被覆盖率低，地表满天飞沙弥漫，地表细土每年被大风侵蚀，沙土和沙砾留余地表，土壤有荒漠化趋势，作物产量低而不稳的耕地。主要土类为淡栗褐土、盐化潮土、碱化潮土等。

左云县沙化耕地型耕地面积 1.04 万亩，占耕地面积的 1.79%，占中低产田面积的 1.86%。分布在小京庄、水窑、三屯、鹊儿山等乡（镇）。

五、盐碱耕地型

盐碱耕地型是指由于耕层可溶性盐分含量或碱化度超过限量，影响作物正常生长的多种盐渍化耕地。其主导障碍因素为土壤盐渍化，以及与其相关的地形条件、地下水临界深度、含盐量、碱化度、pH 等。

左云县盐碱耕地型土壤是以耕层土壤水溶性盐分大于 0.2%为标准划分的。主要分布在元子河、淤泥河、十里河两侧的一级阶地和高河漫滩上，地下水埋藏较浅、水流不畅，矿化度高，春秋季节随土壤水分蒸发，盐分留余地表，形成次生盐渍化土壤。成土母质为洪积物、冲积物等；主要土壤类型为盐化潮土。土壤质地为壤土、黏壤土、粉质壤土、壤质沙土。

左云县盐碱耕地型耕地面积 2.16 万亩，占总耕地面积的 3.73%，占中低产田面积的 3.87%。盐碱耕地型主要分布在小京庄乡、云兴镇、张家场等乡（镇）。

六、障碍层次型

障碍层次型是指土壤剖面构型上有严重缺陷，影响到作物的根系发育和水肥吸收的耕地。如土体过薄、剖面 1 米左右有沙漏、白干层、料姜层、砾石层、黏土层等障碍层次。障碍程度因障碍层物质组成、厚度、出现部位等而不同。

左云县障碍层次型中低产田面积较大，主要是埋藏深度 30～50 厘米、厚度 20～30 厘米沙砾层、料姜层和白干层，普遍存在于河漫滩、山前洪积倾斜平原以及山前丘陵上，成土母质以黄土状母质和洪积母质为主，主要土壤类型有潮土、洪积栗褐土、黄土质淡栗褐土。

左云县障碍层次型耕地面积 3.62 万亩，占总耕地面积的 6.24%，占中低产面积 6.48%，障碍层次型土壤分布范围较小，只分布在管家堡乡、鹊儿山乡和三屯乡。

第二节　生产性能及存在的问题

一、干旱灌溉型

干旱灌溉型中低产田土壤条件较好，土壤质地多为中壤，地力等级多为 5～7 级，养分含量较高，有机质平均 12.81 克/千克，全氮 0.67 克/千克，有效磷 5.92 毫克/千克，有效钾 93.64 毫克/千克。

该类型土壤水资源较为丰富，地势平坦，人口密集，土层深厚，土壤肥沃，光、热、水资源条件较好，有发展灌溉或完善灌溉的条件，只是由于水利工程造价高、投资大，农村经济条件差，暂时难以发展灌溉或因水利灌溉设施管理水平差，遭受人为损害，难以恢复；降水量不足和降雨时空分布不均，春旱、伏旱时有发生；施肥水平低，管理粗放，影响了作物产量的提高。所以目前该类土壤存在的主要问题是灌溉量不足或无灌溉成为主要限制因素。因其生产条件较好，改造潜力很大，对左云县的粮食丰产起着很大的作用。

二、瘠薄培肥型

瘠薄培肥型中低产田的主导障碍因素为土壤瘠薄，地力等级为4～7级，土壤养分特别是有效养分含量低，处于低或者极低的水平，有机质平均10.36克/千克，全氮0.59克/千克，有效磷平均3.32毫克/千克，有效钾平均91.19毫克/千克，都低于全县的平均水平。

存在的主要问题是：土壤肥力较低，土壤瘠薄，施肥水平低，广种薄收，蓄水保肥能力较差，经济落后，交通不便，人少地多，耕作粗放，特别是离村较远的地块，投入少、产出也少，靠天吃饭，有机肥、化肥用量少或不施肥，甚至撂荒经营，经常处于“吃老本”状态，“不种千亩地，难打万斤粮”是对瘠薄培肥型中低产田区农民耕地经营的形象描述。

三、坡地梯改型

坡地梯改型耕地地处海拔1 100～1 400米的丘陵坡地、低山、边山峪口地带，地形坡度大于10°，以中重度侵蚀为主，风蚀、水蚀共同作用，地面支离破碎，面蚀、沟蚀、崩塌随处可见。地力等级多为5～7级，耕层质地为壤质沙土—粉沙质壤土，耕层厚度为15厘米，耕地土壤有机质含量为11.62克/千克，全氮0.65克/千克，有效磷5.05毫克/千克，有效钾90.12毫克/千克。

坡地梯改型耕地的主导障碍因素是地表起伏不平，雨少受干旱的危害，多雨季节土壤水的侵蚀严重，肥沃的表土经常被水侵蚀，片状侵蚀、沟状侵蚀随处可见，熟土层经常处于“熟化与丢失”之中，只能维持低水平的农业生产，土壤培肥困难。

四、沙化耕地型

沙化耕地型土壤属中、重度侵蚀，尤以风蚀为主，土壤质地多为轻壤，土壤母质为风成黄土或风沙母质，质地较轻，土壤结构松散，固结力差，也是京津风沙源的主要源头之一。土壤有机质含量平均11.62克/千克，全氮0.62克/千克，有效磷5.11毫克/千克，有效钾95.23毫克/千克，地力等级多为5～7级。

目前存在的主要问题是：土体松散、风蚀严重、植被稀疏，保水保肥能力差。形成的主要原因：一是春季多风，“一年一场风，从春刮到冬”，年平均风速3.5米/秒，每年平均出现八级以上大风日数为44天。尤其春季，几乎每天都有大风，3月、4月平均风速超过4.4米/秒；二是干旱，年降水380毫米左右，年平均蒸发量高达1 940毫米，年蒸发量是年降水量的5倍，加上春季降雨只占年降雨的15%，更加重了土壤风蚀；三是荒山秃岭，植被稀疏，一年一作，土壤每年有2/3的裸露时间，没有任何覆盖，也是土壤风蚀严重的重要原因。

沙化的结果是土壤保蓄水肥的能力低，特别容易发生春季干旱，土壤墒情很差，春季播种后，容易失墒，作物难以出苗，墒情好，庄稼可以出苗，到后期极容易脱肥，影响产量的提高，群众称之为“发小苗，不发老苗”。

五、盐碱耕地型

左云县盐碱耕地型土壤属次生盐渍化土壤，地力等级多为4～6级，耕地土壤有机质含量为10.69克/千克，全氮0.61克/千克，有效磷3.62毫克/千克，有效钾108.41毫克/千克。

目前存在的主要问题是：土壤盐分含量高，盐分含量均大于0.2%，地下水位高，土壤结构不良，干旱、渍涝等。“湿时一团糟，干时一把刀”是群众对盐碱土的形象说法。含水多，通气不良，特别是春季，耕层土壤盐分浓度高，土温低，种子发芽困难，常出现烂子和有老僵苗现象。

左云县盐碱耕地属次生盐渍化土壤，它的形成与地下水关系密切，高地下水位和高地下水矿化度是形成盐渍化土壤的内因，蒸发量远远大于降水量的气候条件是形成盐渍化土壤的外因。左云县盐碱耕地的地下水位一般在3～5米，地下水矿化度0.5～1.5克/升，地下水流不畅，造成土壤次生盐渍化。左云县盐碱地的积盐过程具有明显的季节性：雨季盐分随水下移，形成临时脱盐现象；秋季雨水减少盐分逐渐上移，春季干旱多风，蒸发量大，土壤表层的盐分达到最高。盐碱土壤对作物生长的影响程度随着地下水位和土壤盐分含量的降低而减轻，此外，土壤的盐分类型不同对作物生长的影响也不同，苏打危害最重，其次是氯化物，硫酸盐危害最轻。

六、障碍层次型

左云县障碍层次型耕地主要是夹沙砾层、夹料姜层和薄层型，面积不大，但零星分布在全县各个乡（镇）。对作物的正常生长影响较大，该类型耕地土壤有机质含量为12.12克/千克，全氮0.66克/千克，有效磷6.06毫克/千克，有效钾95.74毫克/千克。

薄层型主要在低山区，由岩石风化残积物形成的栗褐土，30～40厘米即为母岩层，土层薄，作物吸收养分的容积小，影响作物产量的提高。

夹沙砾型、夹料姜型，一般在洪积扇和洪积平原之上，土体50厘米内出沙砾石层或料姜层，影响作物根系下扎和作物营养成分的吸收，耕层内土壤养分水分容易“漏于地下”而流失，形成作物低产。

表6-2 左云县中低产田各类型土壤养分含量平均值情况统计表

类　型	有机质（克/千克）	全氮（克/千克）	有效磷（毫克/千克）	速效钾（毫克/千克）
干旱灌溉型	12.81	0.67	5.92	93.63
瘠薄培肥型	10.36	0.59	3.32	91.19

（续）

类　型	有机质（克/千克）	全氮（克/千克）	有效磷（毫克/千克）	速效钾（毫克/千克）
坡地梯改型	11.62	0.65	5.05	90.12
沙化耕地型	11.62	0.62	5.11	95.23
盐碱耕地型	10.69	0.61	3.63	108.41
障碍层次型	12.12	0.66	6.06	95.74

第三节　中低产田的改良利用

左云县55.84万亩中低产田，占全县耕地面积的96.21%，严重影响着全县农业生产的发展和农业经济效益的提高。中低产田具有一定的增产潜力，只要扎扎实实地采取有效措施加以改良，便可获得较大的增产效益，也是左云县农业生产再上新台阶的关键措施。中低产田的改良是一项长期而艰巨的工作，必须进行科学规划、合理安排，针对各类中低产田的主要限制因素，通过工程措施、农艺措施、生物措施、化学改良措施的有机结合，消除或减轻限制因素对土壤肥力的影响，提高耕地基础地力和耕地的生产能力。

中低产田改良利用的指导思想是：以提高耕地土壤肥力和土壤的综合生产能力为中心，以改善土壤环境和土壤理化性状为核心，积极实施改土、蓄水、保肥、节水技术，本着因地制宜，稳步推进的原则，逐步改善农业生产条件，实现经济与生态、社会效益的良性互动，促进左云县农业生产健康快速的发展。具体措施如下：

1. 增施有机肥　广泛开辟肥源，堆沤肥、秸秆肥、牲畜粪肥、土杂肥一齐上，力争使有机肥的施用量达到每年2 000～3 000千克/亩，使土壤有机质得到提高，土壤理化性状得到改善，增强土壤的蓄水保墒能力。

2. 校正施肥　依据当地土壤实际情况和作物需肥规律选用合理配比，有效控制化肥不合理施用对土壤性状的影响，达到提高农产品品质的目的。

（1）科学配比，稳氮增磷：在现有氮肥使用量的基础上，一定注意施肥方法、施肥量和施肥时期，遵循少量多次的原则，适当控制基肥的使用量，增加追肥使用量，改变过去撒施的习惯，向沟施、穴施、集中施转变。有利于提高氮肥利用率，减少损失。本区属石灰性土壤，土壤中的磷常被固定，而不能发挥肥效。部分群众至今对磷肥认识不足，重氮轻磷，作物吸收的磷得不到及时补充，应适当增加磷肥用量。力争氮磷使用比例达到1∶（0.5～0.7）。

（2）因地制宜，施用钾肥：定期监测土壤中钾的动态变化，及时补充钾素。本区土壤中钾的含量虽然在短期内不会成为限制农业生产的主要因素，但一些喜钾作物对钾较为敏感，增施钾肥对增加作物产量和改善品质具有重要作用。近几年，在马铃薯、蔬菜、瓜类使用钾肥都有增产和改善品质的作用。

（3）平衡养分，巧施微肥：作物对微量元素肥料需要量虽然很小，但能提高产品产量和品质，有其他大量元素不可替代的作用。据调查，全县土壤锌含量低于全省平均水平。

通过玉米、马铃薯等作物拌种、叶面喷施等方法进行施锌试验，增产效果均很明显，增产幅度均在10%以上。

然而，不同的中低产田类型有其自身的特点，在改良利用中应针对这些特点，采取相应的措施，根据土壤主导障碍因素及主攻方向，阳高县中低产田改造技术可分为以下六项，现分述如下：

一、干旱灌溉型耕地改造技术

针对左云县水资源利用较低的现状，为探索农业高效用水新途径，必须坚持分区划片分类指导的原则，将节水与高效农业产业化建设结合起来，促进县域经济与生态环境的协调发展。主要内容包括：

1. 农田基础设施建设 恢复和建立完善的排灌系统，建立合理的水价以及新的水利设施产权制度，搞好以平田整地为中心的农田基本建设，修建防渗渠道、地下管灌输水、水肥一体化等节水设施，通过深耕增施有机肥等农艺措施，改善农田保水、蓄水、供肥能力。合理进行井水灌溉和地表水的利用，充分发挥左云县地面水和地下水源丰富的优势，发展打井灌溉、提水灌溉，实行节水灌溉，大幅度降低灌溉定额，利用有限的水资源尽量扩大农田灌溉面积，如滴灌技术、渗灌技术、水肥一体化技术、穴灌覆膜技术等，不断扩大耕地的灌溉面积。

2. 农艺节水技术 南瓜、西瓜、玉米等稀植作物，采用穴灌覆膜技术，每亩灌水量只有1.5～2吨，是大田一次灌水量的1/30，可使旱地增产50%～70%，已经被越来越多的农民接受。其次，大力推广旱作农业技术，如免耕少耕、镇压保墒、抗旱良种、抗旱制剂、地膜覆盖等。

3. 土壤培肥技术 通过增施有机肥、平衡施肥等措施，大量施用堆肥和厩肥，可以把作物消耗的养分归还于耕地，补充由于耕作生产而消耗的有机质和矿物质养分，促进土壤微生物的活动和土壤结构的改善；合理使用化肥，扩大农田生态系统的物质循环，以肥促水，以水调肥，提高作物水分、养分利用效率。

4. 提高农田作业机械化作业水平 干旱灌溉型耕地地势平坦，耕性适中，适合农业机械化作业。应大力提高耕地、耙耱、播种、中耕、收获的机械化水平，减轻农民的劳动强度，提高耕地的集约化程度，增加农民的种植业收入。同时机深耕、深松，有利于增加耕地的活土层厚度，增加土壤蓄水保墒能力和抗旱能力。

二、瘠薄培肥型耕地改造技术

1. 广辟肥源，增加有机肥和化肥的投入 “土壤有机质衰竭将导致土壤结构破坏，进而导致降雨时水分的入渗和储量减少，进一步使植被的破坏，风蚀、水蚀加剧，生态环境恶化，最终导致产量下降”。左云县瘠薄培肥型耕地就是因此而形成，所以其改良就必须从提高土壤有机质入手。首先，广泛开辟肥源，堆沤肥、秸秆肥、牲畜粪肥、土杂肥等一齐上，增加有机物质的投入。有机质的提高有利于改善土壤结构，增加土壤阳离子代换能力和土壤保蓄水肥的能力；其次，实行粮草轮作、粮（绿）肥轮作，实施绿肥压青、种养结合；最后，增加化肥投入，合理使用化肥，增加作物产量。

2. 建设基本农田，实行集约经营　对于人少地多的边远山地丘陵区，耕作粗放，广种薄收，土壤极度贫瘠的乡村，在退耕还林还牧和粮草轮作的基础上，选择土地相对平整、土层较厚、质地适中、土体构型良好的耕地作为基本农田，集中人力、物力、财力，集中较多的有机肥、化肥，进行重点培肥、集约经营，用3～5年的时间，使其成为中产田，成为农民的口粮田、饲料田，其他瘠薄型耕地可作为牧草地，逐渐走农牧业相结合的道路，畜牧业的发展，可为基本农田提供更多的有机肥源，促进其肥力的提高。

3. 推广保护性耕作技术及配套技术　保护性耕作具有改善土壤结构，节时省力，减少水土流失和提高作物产量等效果。大力推广少耕、免耕技术、旱地覆膜技术、铺沙覆盖技术，充分利用天然降水，提高作物产量。保护性耕作必须有配套技术相保证，如病虫害的防治技术，秸秆腐熟技术和机械化耕作技术等。

4. 调整种植结构与特色农产品基地建设　充分利用该类土壤无工业污染，土地资源广阔的优势，大力发展具有地域特色的农产品。扩大种植耐瘠薄耐干旱作物，加速小杂粮名优特色基地建设，加快农业产业化步伐，推动左云县杂粮产业的发展。

三、坡地梯改型耕地改造技术

坡地梯改型耕地的改造技术应从土地的合理利用入手，以恢复植被，适应自然，建立一个合乎自然规律而又比较稳定的生态系统，工程措施与生物措施相结合，治标与治本相结合，做到沟坡兼治，实现经济效益与生态效益的相互统一。该类型土壤的改良主要采取以下措施：

1. 梯田的建设　15°以上的坡耕地要坚决退耕还林、还草，以发展草场和营造生态林，建设成土壤蓄水，水养树草，树草固土的农业生态体系。坡面在15°以下的坡地，围绕农田建设，林、草配置，沿等高线隔一定的间距，建设高标准的水平梯田或隔坡梯田，沿梯田田埂上可种植一些灌木，起到固定水土、保护田埂的作用。同时要结合小流域治理工程，打坝造地，在控制水土流失的基础上，逐步将梯田、沟坝地建成基本农田。

2. 加速生土熟化，提高土壤肥力　新建梯田和沟坝地往往将原来的土层结构破坏，生土出露，影响作物生长，只有加快土壤的熟化和培肥才能建成高产稳产田。通过深耕深翻，加速土壤熟化，其深度要求30厘米以上，增加耕层厚度，营造一个较好的土体构型，广辟肥源，增加有机肥的施用，种植绿肥牧草，粮草轮作，肥田轮作，促进畜牧业的发展，充分发挥雁门关生态畜牧区的优势，增加牲畜粪肥的投入，使有机肥的施用量达到1 500～3 000千克以上，科学使用化肥，实施平衡施肥，不断改善土壤理化性状，稳步提高作物产量。

3. 加强植被建设，发展林牧基地　对一些边远的劣质耕地，陡坡地实行退耕还林还草，扩大植被覆盖率，并结合工程措施整治荒山、荒坡、荒沟，营造经济林、薪炭林，解决农村贫困和能源问题。发展畜牧业，改变单一的以种植业为主的农业生产结构，改变过去散养放牧的习惯，对牲畜进行圈养，封山育林育草。农区畜牧业的发展，不仅可提高农民的经济收入，又能为种植业提供更多的有机肥料，实现经济与生态的良性互动。

4. 大力推广集雨补灌技术 结合地形特点，修筑旱井、旱窖等集雨工程，调节降雨季节性分配不匀的问题。对作物进行补充灌溉，增强抵御旱灾的能力，通过引进良种，改进栽培措施，种植耐旱作物豆类、马铃薯、莜麦等，提高耕地综合生产能力。

四、沙化型耕地改造技术

重点针对沙化耕地型耕地质地较粗、保肥保水性能差、水土流失严重、养分易流失的特点，改良利用上主要采取如下几项措施：

1. 营造防风固沙林带，阻挡或减少风沙危害 加强现有林木护理，继续植树造林，乔、灌结合，并有计划地将现有林木更新，使之起到调节气候、涵养水源、防风固沙、保护农田的作用。

2. 退耕还林，增施有机肥 对表土层和心土层都为砂土的耕地，作物产量很低，改良比较困难的区域，应抓住京、津风沙源治理工程和雁门关生态畜牧区建设的有利时机，进行大面积的退耕还林、还草，大力发展饲草业，在品种上要选择耐沙、耐瘠薄、抗旱的沙打旺、草木樨、苜蓿等品种。通过饲草业促进牧业发展，为种植业提供大量的有机肥源。

3. 大力推广保护性耕作和秸秆还田技术 保护性耕作技术就是减少土壤侵蚀、沙化的一项耕作措施。推行免耕、少耕技术，避免因人为频繁耕作破坏土壤原有结构并减少土壤风蚀。推行秸秆还田、秸秆覆盖制度，增加地表覆盖。

4. 客土改良 有条件的地方，实行引洪压沙、沙土掺入黏土等。

五、盐碱型耕地改造技术

盐渍化土壤地势平坦，交通方便，人口密集，耕地缺乏，地下水源丰富，这对于干旱缺水的左云县来说是十分宝贵的自然资源，盐渍化土壤改良潜力大、效益高，只要改良措施得当，几年就可使作物产量有大幅度的提高，从低产田达到中产田的标准，尤其近些年大同盆地地下水位普遍下降，为左云县盐渍化土壤的改良创造了良好条件。

合理开发利用盐碱耕地，是左云县农业可持续发展的主要途径之一，对改善生态环境、推动区域经济的发展具有十分重要的意义。针对目前左云县盐碱地的特点，开发利用应遵循以下几条基本原则：一是保护与开发利用并重原则，宜开发则开发，不宜开发则应以保护和恢复生态为主；二是因地制宜，分区规划，视盐碱程度和具体条件，先易后难，采取不同的措施，充分考虑土壤、植物、水等各种条件；三是主动适应盐碱地的特性，立足盐碱环境，充分发挥农业耕作技术、盐生植物的作用，发展盐碱农业。该类型土壤的改良主要采取以下几项措施：

1. 以降低和控制地下水位、增加农田灌溉的水利工程措施 地下水位高是形成盐渍化土壤的主要原因，降低和控制地下水位是盐渍化土壤改造的前提。

（1）井灌井排，上洗下排，是近些年被证明行之有效的技术措施，大同盆地地下水矿化度不是很高，绝大部分可以直接用于灌溉，“盐随水来，盐随水去”，通过灌溉、冲洗、排盐等水利措施达到降低和控制地下水位、调节耕层土壤含盐量的目的。从现有耕地着手，以排灌条件较好的农田为重点，考虑区域水土平衡和水位平衡，有条件的地方，充分利用和改造现有水利工程设施，采用河井双灌、清洪水兼灌，调控地下水位和盆地生态系统的平衡。

（2）进行平田整地，提高灌溉质量，减少大水漫灌和局部积水。春夏之交是盐碱返盐盛期，严重危害作物生长发育，所以应在早春进行适时灌溉，改变土壤水分运动方向，可大大减少土壤返盐。

（3）通过打深井取水，为城市提供了丰富的水源，同时使地下水位下降，为盐碱地的改良、开发和培肥创造条件。

（4）引洪灌溉，洪水中含有较多的腐殖质、养分和淤泥，既可改碱又可肥田，有条件的地方，可引洪水淤灌，改良盐碱地。

2. 以减轻盐分和钠离子危害的化学改良措施　对于盐渍化程度较重的土壤，特别是苏打盐化草甸土、碱化草甸土、苏打盐土等，土壤中钠离子含量多，危害严重，作物难以正常生长，可使用化学改良，如过磷酸钙、石膏、硫酸亚铁、磷矿石、钠离子络合剂、腐殖酸类肥料等，以钙离子代换土壤胶体上的钠离子，降低土壤碱性，消除钠离子的毒害，促进土壤理化性状的改善和土壤肥力的提高。施用化学改良剂后，要进行适当的灌溉冲洗，以淋溶土壤中的可溶性盐分，活化钙离子，加速代换速度，提高改碱效果。从左云县多年试验来看，以硫酸亚铁、钠离子络合剂等效果较好。

3. 以增加地面覆盖、促进土壤培肥的农业生物措施

（1）坚持有机肥为主，化肥为辅的方针，增施有机肥不仅可以提高土壤肥力，而且可以改善土壤理化性状。“碱大吃肥，肥大吃碱”，是广大农民长期通过农业措施治理盐碱地的深刻体会。

（2）在施用化肥上，尽量避免使用碱性和生理碱性肥料如碳酸氢铵、钙镁磷肥等，最好多用生理中性和酸性肥料如硫铵、过磷酸钙等。

（3）进行以平田整地为中心的农田基本建设，提高灌溉质量，使灌水深浅一致，水分均匀下渗，提高伏雨淋盐和灌水洗盐的效果，在重度盐碱土上，应先刮去盐斑，再进行平整。

（4）深耕、深松、多中耕有利于提高土壤透气透水性和提高土壤温度，加速土壤脱盐。

（5）推行深播浅盖种植技术，用有机肥料或沙土覆盖种子，增高地温，促进种子尽快出苗，避免烂种。

（6）大力推广地膜覆盖和秸秆粉碎还田技术，减少土壤蒸发，抑制土壤返盐。

（7）种植需水多、耐盐碱的作物，如向日葵、高粱、大麦、甜菜、玉米等作物，可增加灌水次数和灌水量，使土壤水分向下运行，减少土壤返盐，提高盐碱耕地的产量和效益。

（8）种植绿肥、绿肥压青，对土壤十分瘠薄、有机肥比较缺乏的地方，地下水下降后，可先种植绿肥，进行绿肥压青，一是增加土壤的覆盖度，减少水分蒸发，同时绿肥压青能够改善土壤理化性状，培肥土壤，巩固和提高脱盐效果，一般在较重的盐碱地上选种田菁，中度盐碱地上可选择种植圣麻、草木栖、沙打旺、紫花苜蓿等。

（9）植树造林，进行耕地方格林网化、搞好四旁绿化、营造防风林带等，降低风速，增加空气湿度，改善田间小气候，减少地面蒸发，重要的是生物排水，据有关资料介绍，每棵成龄树的年蒸发量是：柳树 1 500 千克、杨树 1 400 千克，连片的林带如同“空中排水渠系”，降低地下水位，同时使水分有效均匀地渗入土体，有利于淋洗盐分，淡化水质。

六、障碍层次型耕地改造技术

左云县最主要的障碍层次是白干层，其次是沙砾层，白干层面积大，危害严重。根据其分布状况、障碍层厚度及埋藏深度和所处地理位置，应采取以下措施：

1. 引洪灌溉 分布在河流两岸的白干层和砾石层，在有洪水资源的地区，逐年引洪灌溉，洪水淤泥逐渐加厚耕作层，相对降低障碍层次埋藏深度，逐步消除不良障碍层对作物生长的影响。

2. 生物改良 对于白干层埋藏在 30～50 厘米，白干层较厚的土壤，严重影响作物根系下扎、造成作物地产的土壤，可作为造林牧草绿肥基地。植树时要深挖坑、挖大坑，收集地表熟土回填树坑以利于树木根系的发育。牧草有很强的根系下扎能力和很强的抗逆性，牧草的种植可达到边改良边收益的目的。利用绿肥牧草对白干土逐步进行熟化改造。

3. 耕作培肥 对于白干层埋藏较深的土壤，一是重点培肥土壤耕作层，采取深耕深翻，加厚活土层，增施有机肥，增加耕层阳离子代换能力，提高土壤保蓄水肥能力；二是种植作物上，应选择根系下扎浅的作物如谷黍、瓜菜等。

4. 退耕还林还草 对于中低山上的薄层型耕地，改造难度大、成本高的地块，建议实施退耕还林还草，作为生态林和生态牧草的种植基地，固定水土，逐渐增加土层厚度，发展畜牧业和林草业。

第七章　耕地地力评价应用研究

第一节　耕地资源合理配置研究

一、耕地数量平衡与人口发展配置研究

左云县人多地少，耕地后备资源不足。2010 年有耕地 58.04 万亩，人口数量达 14.9 万人，人均耕地为 3.89 亩。从耕地保护形势看，由于全县农业内部产业结构调整，退耕还林，山庄撂荒、公路、乡镇企业基础设施等非农建设占用耕地，导致耕地面积逐年减少，人地矛盾将出现严重危机。从左云县人民的生存和全县经济可持续发展的高度出发，采取措施，实现全县耕地总量动态平衡刻不容缓。

实际上，左云县扩大耕地总量仍有很大潜力，只要合理安排，科学规划，集约利用，就完全可以兼顾耕地与建设用地的要求，实现社会经济的全面、持续发展；从控制人口增长，村级内部改造和居民点调整，退宅还田，开发复垦土地后备资源和废弃地等方面着手增大耕地面积。

二、耕地地力与粮食生产能力分析

（一）耕地粮食生产能力

耕地生产能力是决定粮食产量的决定因素之一。近年来，由于种植结构调整和建设用地，退耕还林还草等因素的影响，粮食播种面积在不断减少，而人口在不断增加，对粮食的需求量也在增加。保证全县粮食需求，挖掘耕地生产潜力已成为农业生产中的大事。

耕地的生产能力是由土壤本身肥力作用所决定的，其生产能力分为现实生产能力和潜在生产能力。

1. 现实生产能力　左云县现有耕地面积为 58.04 万亩，而中低产田就有 55.84 万亩之多，占总耕地面积的 96.21%，而且大部分为旱地，这必然造成全县现实生产能力偏低的现状。有机肥的肥源严重不足，再加之农民对施肥，特别是有机肥的忽视，以及耕作管理措施的粗放，这都是造成耕地现实生产能力不高的原因。2010 年，全县农作物总播面积 40.99 万亩，其中：粮食播种面积为 32.07 万亩，粮食总产量为 2.9 万吨，平均亩产约 91 千克/亩；莜麦播种面积 5.45 万亩，总产量 0.25 万吨；马铃薯播种面积 6.04 万亩，总产 0.82 万吨；蔬菜播种面积 0.227 万亩，总产量 0.42 万吨（表 7-1）。

目前，左云县土壤有机质平均含量为 11.2 克/千克，全氮平均含量为 0.63 克/千克，有效磷平均含量为 4.43 毫克/千克，速效钾平均含量为 87.76 毫克/千克。

表 7-1　左云县 2010 年粮食产量统计

	总产量（万吨）	平均单产（千克/亩）
粮食总产量	2.9	90.6
莜麦	0.25	45
马铃薯	0.82	675
蔬菜	0.42	1 865

左云县耕地总面积 58.04 万亩，其中水浇地 2.2 万亩，占总耕地面积的 3.79%；旱地 55.84 万亩，占总耕地面积的 96.21%。平川区灌溉条件较好，丘陵区基本无灌溉条件，总水量的供需不够平衡。

2. 潜在生产能力　生产潜力是指在正常的社会秩序和经济秩序下所能达到的最大产量。从历史的角度和长期的利益来看，耕地的生产潜力是比粮食产量更为重要的粮食安全因素。

左云县是全省小杂粮主要生产县之一，也是大同市较大的生产基地之一，土地资源较为丰富，土质较好，光热资源充足。全县现有耕地中，一级地占总耕地面积的 7.13%，其亩产大于 300 千克；二级地占总耕地面积的 7.7%，其亩产大于 250 千克；三级地占总耕地面积的 16.66%，其亩产大于 200 千克；四级地占总耕地面积的 15.71%，其亩产大于 150 千克；五级地占总耕地面积的 26.12%，其亩产大于 100 千克；六级地占总耕地面积的 26.68%，其亩产小于 50 千克；经过对全县地力等级的评价得出，58.04 万亩耕地以全部种植粮食作物计，其粮食最大生产能力为 231 600 吨，平均亩产可达 300 千克，全县耕地仍有很大生产潜力可挖。

纵观左云县近年来的粮食、油料作物、蔬菜的平均亩产量和全县农民对耕地的经营状况，全县耕地还有巨大的生产潜力可挖。如在农业生产中加大有机肥的投入，采取平衡施肥措施和科学合理的耕作技术，全县耕地的生产能力还可以提高。从近几年全县对玉米平衡施肥观察点经济效益的对比来看，平衡施肥区较习惯施肥区的增产率都在 15%左右。如能进一步提高农业投入比重，提高劳动者素质，下大力气加强农业基础建设，特别是农田水利建设，稳步提高耕地综合生产能力和产出能力，实现农林牧的结合就能增加农民经济收入。

（二）不同时期人口、食品构成粮食需求分析预测

农业是国民经济的基础，粮食是关系国计民生和国家自立与安全的特殊产品。从新中国成立初期到现在，全县人口数量、食品构成和粮食需求都在发生着巨大变化。新中国成立初期居民食品构成主要以粮食为主，也有少量的肉类食品，水、蔬菜的比重很小。随着社会进步，生产的发展，人民生活水平逐步提高。到 20 世纪 80 年代初，居民食品构成依然以粮食为主，但肉类、禽类、油料、水、蔬菜等的比重均有了较大提高。到 2010 年，全县人口增至 14.97 万，居民食品构成中，粮食所占比重有明显下降，肉类、禽蛋、水产品、制品、油料、水、蔬菜、食糖却都占有相当比重。

左云县粮食人均需求按国际通用粮食安全 400 千克计，全县人口自然增长率以 0.6%计，到 2015 年，共有人口 17 万人，全县粮食需求总量预计将达 6.8 万吨。因此，人口的

增加对粮食的需求产生了极大的影响，也造成了一定的危险。

左云县粮食生产还存在着巨大的增长潜力。随着资本、技术、劳动投入、政策、制度等条件的逐步完善，全县粮食的产出与需求平衡，终将成为现实。

（三）粮食安全警戒线

粮食是人类生存和社会发展最重要的产品，是具有战略意义的特殊商品，粮食安全不仅是国民经济持续健康发展的基础，也是社会安定、国家安全的重要组成部分。近年世界粮食危机已给一些国家经济发展和社会安定造成一定不良影响，近年来，随着农资价格上涨，农户注重经济作物不重视粮食作物，种粮效益低等因素影响，农民种粮积极性不高，全县粮食单产徘徊不前，所以必须对全县的粮食安全问题给予高度重视。

2010 年左云县的人均粮食占有量为 194.6 千克，而当前国际公认的粮食安全警戒线标准为年人均 400 千克。相比之下，两者的差距值得深思。

三、耕地资源合理配置意见

在确保粮食生产安全的前提下，优化耕地资源利用结构，合理配置其他作物占地比例。为确保粮食安全需要，对全县耕地资源进行如下配置：全县现有 58.04 万亩耕地中，其中 32.07 万亩用于种植粮食，以满足全县人口粮食需求，其余 25.97 万亩耕地用于马铃薯、蔬菜、油料等作物生产。

根据《土地管理法》和《基本农田保护条例》划定全县基本农田保护区，将水利条件、土壤肥力条件好，自然生态条件适宜的耕地划为口粮和国家商品粮生产基地，长期不许占用。在耕地资源利用上，必须坚持基本农田总量平衡的原则。一是建立完善的基本农田保护制度，用法律保护耕地；二是明确各级政府在基本农田保护中的责任，严控占用保护区内耕地，严格控制城乡建设用地；三是实行基本农田损失补偿制度，实行谁占用、谁补偿的原则；四是建立监督检查制度，严厉打击无证经营和乱占耕地的单位和个人；五是建立基本农田保护基金，县政府每年投入一定资金用于基本农田建设，大力挖潜存量土地；六是合理调整用地结构，用市场经营利益导向调控耕地。

同时，在耕地资源配置上，要以粮食生产安全为前提，以农业增效、农民增收的目标，逐步提高耕地质量，调整种植业结构推广优质农产品，应用优质高效，生态安全栽培技术，提高耕地利用率。

第二节　耕地地力建设与土壤改良利用对策

一、耕地地力现状及特点

耕地质量包括耕地地力和土壤环境质量两个方面，经过历时 3 年的调查分析，基本查清了全区耕地地力现状与特点，此次调查与评价以构成基础地力要素的立地条件、土壤条件、农田基础设施条件和主要作物玉米、马铃薯等单位面积产量水平等为依据，在全县 228 个行政村，春季播种前，共采集耕地土壤点位 4 600 个，其中 2008 年采样 2 500 个，

2009 年采样 1 500 个，2010 年采样 600 个，采样点覆盖了全县 58.04 万亩耕地，46.8 万亩农作物。

通过对左云县土壤养分含量的分析得知：全县土壤以壤质土为主，有机质平均含量为 11.2 克/千克，属省四级水平；全氮平均含量为 0.63 克/千克，属省四级水平；有效磷含量平均为 4.43 毫克/千克，属省五级水平；速效钾含量为 87.76 毫克/千克，属省五级水平。

（一）耕地土壤养分含量有所提高

耕地土壤：从这次测土配方结果看，左云县耕地土壤有机质含量为 11.2 克/千克，属省二级水平，与第二次土壤普查的 9.9 克/千克相比提高了 1.3 克/千克；全氮平均含量为 0.63 克/千克，属省四级水平，与第二次土壤普查的 0.6 克/千克相比提高了 0.03 克/千克；有效磷平均含量 4.33 毫克/千克，属省二级水平，与第二次土壤普查的 4.3 毫克/千克相比提高了 0.03 毫克/千克；速效钾平均含量为 87.6 毫克/千克，属省五级水平，与第二次土壤普查的平均含量 97.6 毫克/千克相比减小了 10 毫克/千克。

（二）平川土壤质地好

据调查，左云县好的耕地，主要分布在十里河两岸的一级、二级阶地，其地势平坦，土层深厚，其中大部分耕地坡度小于 4°，粮食产量通过 2009 年、2010 年，玉米最高产量 536.4 千克/亩，土质良好，十分有利于现代化农业的发展。

（三）耕作粗放，肥力水平低

左云县地广人稀，无霜期短，一般的高产作物种植受到了限制，所以左云县的作物产量水平较低，也影响了农民种地的积极性，造成了广种薄收，耕作粗放的耕作习惯，因而土壤肥力水平较低。

二、存在主要问题及原因分析

（一）中低产田面积较大

据调查，全区共有中低产田面积 55.84 万亩，占总耕地面积的 96.21%，按主导障碍因素，共分为盐碱耕地型、沙化耕地型、干旱灌溉型、坡地梯改型和瘠薄培肥型五大类型，其中盐碱耕地型 2.16 万亩，占总耕地面积的 3.87%；沙化耕地型 1.04 万亩，占总耕地面积的 1.86%；干旱灌溉型 3.7 万亩，占总耕地面积的 6.62%；坡地梯改型 21.15 万亩，占总耕地面积的 37.87%；瘠薄培肥型 24.17 万亩，占总耕地面积的 43.29%。

中低产田面积大，类型多。主要原因：一是自然条件恶劣。全县地形复杂，山、川、沟、垣、蹬俱全，水土流失严重；二是农田基本建设投入不足，中低产田改造措施不力；三是农民耕地施肥投入不足，尤其是有机肥施用量仍处于较低水平。

（二）耕地地力不足，耕地生产率低

左云县耕地虽然经过排、灌、路、林综合治理，农田生态环境不断改善，耕地单产、总产呈现上升趋势，但近年来，农业生产资料价格一再上涨，农业成本较高，甚至出现种粮赔本现象，大大挫伤了农民种粮的积极性。一些农民通过增施氮肥取得产量，耕作粗放，致使土壤结构变差，造成土壤养分恶性循环。

（三）施肥结构不合理

作物每年从土壤中带走大量养分，主要是通过施肥来补充，因此，施肥直接影响到土壤中各种养分的含量。近几年在施肥上存在的问题，突出表现在“三重三轻”：第一，重特色作物，轻普通作物。第二，重复混肥料，轻专用肥料。随着我国化肥市场的快速发展，复混（合）肥异军突起，其应用对土壤养分的变化也有影响，许多复混（合）肥杂而不专，农民对其依赖性较大，而对于自己所种作物需什么肥料，土壤缺什么元素，底子不清，导致盲目施肥。第三，重化肥使用，轻有机肥使用。近些年来，农民将大部分有机肥施于菜田，特别是优质有机肥，而占很大比重的耕地有机肥却施用不足。

三、耕地培肥与改良利用对策

（一）多种渠道提高土壤肥力

1. 增施有机肥，提高土壤有机质 近年来，由于农家肥来源不足和化肥的发展，全县耕地有机肥施用量不够。可以通过以下措施加以解决：①结合左云县大力发展畜牧业，广种饲草，增加畜禽，以牧养农；②大力种植绿肥，种植绿肥是培肥地力的有效措施，可以采用粮肥间作或轮作制度；③大力推广过腹还田，是目前增加土壤有机质最有效的方法。

2. 合理轮作，挖掘土壤潜力 不同作物需求养分的种类和数量不同，根系深浅不同，吸收各层土壤养分的能力不同，各种作物遗留残体成分也有较大差异。因此，通过不同作物合理轮作倒茬，保障土壤养分平衡。要大力推广粮、菜轮作，粮、油轮作，玉米、大豆立体间套作，莜麦、大豆轮作等技术模式，实现土壤养分协调利用。

（二）巧施氮肥

速效性氮肥极易分解，通常施入土壤中的氮素化肥的利用率只有23%～45%，或者更低。这说明施入土壤中的氮素，挥发渗漏损失严重。所以在施用氮肥时一定注意施肥量施肥方法和施肥时期，提高氮肥利用率，减少损失。

（三）重施磷肥

左云县地处黄土高原，属石灰性土壤，土壤中的磷常被固定，而不能发挥肥效。加上长期以来群众重氮轻磷，作物吸收的磷得不到及时补充。试验证明，在缺磷土壤上增施磷肥增产效明显，可以增施人粪尿、畜禽肥等有机肥，其中的有机酸和腐殖酸促进非水溶性磷的溶解，提高磷素的活力。

（四）因地施用钾肥

左云县土壤中钾的含量虽然在短期内不会成为限制农业生产的主要因素，但随着农业生产进一步发展和作物产量的不断提高，土壤中有效钾的含量也会处于不足状态，所以在生产中，定期监测土壤中钾的动态变化，及时补充钾素。

（五）重视施用微肥

微量元素肥料，作物的需要量虽然很少，但对提高产品产量和品质、却有大量元素不可替代的作用。

（六）因地制宜，改良中低产田

左云县中低产田面积比较大，影响了耕地地力水平。因此，要从实际出发，分类配套改良技术措施，进一步提高全县耕地地力质量。

四、成果应用与典型事例

典型 1——左云县小京庄乡南红崖村 1 000 亩莜麦丰产

南红崖村位于左云城西南 13 千米处，海拔 1 447 米，无霜期 110 天，年平均降水量 443 毫米左右。全村共有农业人口 850 个，农户 210 户，总耕地面积 5 580 亩，属于黄土丘陵区，在左云县是一个典型的农业大村。农业生产长期以来基本上是靠天吃饭，粮食生产效益低下，农民增收速度缓慢，盲目施肥和低投入是农业生产主要症结。自从国家测土配方施肥补贴资金项目在左云县实施。经过项目领导组研究决定，将南红崖村确定为全县测土配方施肥重点示范村，根据化验结果，地力水平、作物品种、产量水平等由农业局的专家制定了科学施肥配方，主体配方为亩施纯 N 5 千克，纯 P_2O_5 3 千克，氮磷配比为 1∶0.6。根据各户实际情况，按照大配方小调整的原则，为全村所有的种植户提供了测土配方施肥建议卡，基本上制止了农户盲目施肥。在该村设立了示范区，取得了明显的示范效果。2011 年，该村 3 350 亩莜麦测土配方施肥示范田喜获丰收，施用配方肥料的莜麦示范田亩均增产 26 千克，亩产增收 104 元，亩均节约化肥 3.5 千克，节约成本 17.5 元，亩节本增效 121.5 元。莜麦共增产 8.71 万千克，共增收 34.84 万元，总节本增效 40.7 万元。高产量、低成本、高效益的实施效果受到了农民的好评。

典型 2——左云县张家场乡梅家窑村配方施肥技术应用

左云县张家场乡梅家窑村，梅家窑村位于左云县城东北 20 千米处，全村总耕地面积 5 500 亩，该村 90%的耕地属于丘陵区旱平地，海拔 1 272 米，无霜期 110 天，年平均降水量 443 毫米左右。全村共有农业人口 1 020 人，农户 230 户，以种植马铃薯、小杂粮为主，是一个典型的农业村。在左云县测土配方施肥技术推广中，全村共取耕层土样 24 个，依据土壤化验结、历年来试验数据、施肥经验及产量水平，提出适宜的农作物配方施肥方案，经过一年来测土配方施肥技术的应用，全村马铃薯产量明显提高，肥料用量下降，种粮效益增加，深受群众欢迎。马铃薯播种前和玉米播种前，技术人员到村宣讲四次，听讲人数达 438 人次，发放马铃薯及杂粮技术材料 820 余份，填发配方施肥建议卡 724 份。根据产量水平制定了比较切实可行的配方：马铃薯，目标产量≥700 千克/亩，亩施纯氮 14 千克、纯磷 14 千克、纯钾 4 千克；700～1 000 千克/亩，亩施纯氮 16 千克、纯磷 16 千克、纯钾 5 千克；目标产量≥1 000 千克/亩，亩施纯氮 17 千克、纯磷 17 千克、纯钾 6 千克。据对示范田示范观察点测产，在大旱之年，施用配方施肥的马铃薯示范田平均亩产 2 100 千克，较习惯施肥马铃薯平均亩增产 82 千克，增产率 6.4%。亩增收 82 元，总增产 8.28 万千克，总增收 8.28 万元，亩均节约化肥（纯养分）1.8 千克，节本 7.2 元，共节约化肥（纯养分）0.189 万千克，节本 1.36 万元，马铃薯测土配方施肥千亩示范田，节本增收合计 9.64 万元，种植户人均增收 230 元。高产、低成本、高效益的实施效果受到了农民的好评。

第三节　农业结构调整与适宜性种植

近些年来，左云县农业的发展和产业结构调整工作取得了突出的成绩，但干旱胁迫严重，土壤肥力有所减退，抗灾能力薄弱，生产结构不良等问题，仍然十分严重，因此为适应21世纪我国农业发展的需要，增强左云县优势农产品参与国际市场竞争的能力，有必要进一步对全县的农业结构现状进行战略性调整，从而促进全县高效农业的发展，实现农民增收。

一、农业结构调整的原则

为适应我国社会主义农业现代化的需要，在调整种植业结构中，遵循下列原则：

一是以国际农产品市场接轨，以增强左云县农产品在国际、国内经济贸易的竞争力为原则。

二是以充分利用不同区域的生产条件、技术装备水平及经济基地条件，达到趋利避害，发挥优势的调整原则。

三是以充分利用耕地评价成，正确处理作物与土壤间、作物与作物间的合理调整为原则。

四是采用耕地资源管理信息系统，为区域结构调整的可行性提供宏观决策与技术服务的原则。

五是保持行政村界线的基本完整的原则。

根据以上原则，在今后一般时间内将紧紧围绕农业增效、农民增收这个目标，大力推进农业结构战略性调整，最终提升农产品的市场竞争力，促进农业生产向区域化、优质化、产业化发展。

二、农业结构调整的依据

通过本次对全区种植业布局现状的调查，综合验证，认识到目前的种植业布局还存在许多问题，需要在区域内部加大调整力度，进一步提高生产力和经济效益。

根据此次耕地质量的评价结，安排全区的种植业内部结构调整，应依据不同地貌类型耕地综合生产能力和土壤环境质量两方面的综合考虑，具体为：

一是按照六大不同地貌类型，因地制宜规划，在布局上做到宜农则农，宜林则林，宜牧则牧。

二是按照耕地地力评价出1～6个等级标准，在各个地貌单元中所代表面积的数值衡量，以适宜作物发挥最大生产潜力来分布，做到高产高效作物分布在1～2级耕地为宜，中低产田应在改良中调整。

三是按照土壤环境的污染状况，在面源污染、点源污染等影响土壤健康的障碍因素中，以污染物质及污染程度确定，做到该退则退，该治理的采取消除污染源及土壤降解措施，达到无公害绿色产品的种植要求，来考虑作物种类的布局。

三、土壤适宜性及主要限制因素分析

左云县土壤因成土母质不同，土壤质地也不一致，发育在黄土及黄土状母质上的土壤质地多是较轻而均匀的沙壤及轻壤为主，全县土壤质地较粗，虽然土壤通透性好，有利于作物的出苗，但土壤的供肥、保肥、保水能力较差，要提高土地的耕作和管理水平。平川区多以壤质为主，经过多年的精耕细作，土壤团粒结构多，土壤肥力水平高。

因此，综合以上土壤特性，左云县丘陵区土壤适应玉米、马铃薯、小杂粮、西瓜等粮食作物及经济作物，左云县近年来大力发展畜牧业，在丘陵区也可以大力发展牧草的种植，平川区由于耕作条件好，适宜蔬菜等经济作物的种植。

但种植业的布局除了受土壤质地作用外，还要受到地理位置、水分条件等自然因素和经济条件的限制，在山地、丘陵等地区，由于此地区沟壑纵横，土壤肥力较低，土壤较干旱，气候凉爽，农业经济条件也较为落后，因此要在管理好现有耕地的基础上，将智力、资金和技术逐步转移到非耕地的开发上，大力发展林、牧业，建立农、林、牧结合的生态体系，使其成林、牧产品生产基地。在平原地区由于土地平坦，水源较丰富，是全县土壤肥力较高的区域，同时其经济条件及农业现代化水平也较高，故应充分利用地理、经济、技术优势，在不放松粮食生产的前提下，积极开展多种经营，实行粮、菜、全面发展。

在种植业的布局中，必须充分考虑到各地的自然条件、经济条件，合理利用自然资源，对布局中遇到的各种限制因素，应考虑到它影响的范围和改造的可行性，合理布局生产，最大限度地、持久地发掘自然的生产潜力，做到地尽其力。

四、种植业布局分区建议

根据左云县种植业布局分区的原则和依据，结合本次耕地地力调查与质量评价结，将左云县划分为五大种植区，分区概述：

（一）左云河一级阶地及河漫滩粮、菜区

该区位于左云河沿岸阶地及河漫滩，包括云兴镇、张家场乡部分村庄。

1. 区域特点 本区地处左云河阶地及河漫滩，海拔较低，优势平坦，土壤肥沃，水土流失轻微，地下水位较浅，水源比较充足，属井河两灌区，水利设施好，园田化水平高，交通便利，农业生产条件优越。年平均气温 6.1℃，年降水 443 毫米，无霜期 113 天，气候温和，热量充足，农业生产水平较高。本区土壤耕性良好，适种性广，施肥水平较高。本区土壤为潮土和栗褐土 2 个亚类，是左云县的蔬菜主产区。

区内河漫滩土壤有机质含量为 10.92 克/千克，全氮为 0.62 克/千克，有效磷 3.96 毫克/千克，速效钾 89.85 毫克/千克，锰、钼、硼、铁微量元素含量相对偏低，均属省四级水平；一级阶地土壤有机质含量为 12.16 克/千克，全氮为 0.68 克/千克，有效磷 4.96 毫克/千克，速效钾 84.35 毫克/千克，锰、钼、硼、铁微量元素含量相对偏低，均属省四级水平。

2. 种植业发展方向　本区以建设粮、菜两大基地为主攻方向。大力发展高产高效粮田，扩大蔬菜面积和设施农业面积，使这一区域成为左云县的菜篮子。在现有基础上，优化结构，建立无公害生产基地。

3. 主要保障

（1）加大土壤培肥力度，全面推广多种形式秸秆还田，以增加土壤有机质，改良土壤理化性状。

（2）注重作物合理轮作，坚决杜绝连茬多年的习惯。

（3）全力以赴搞好基地建设，通过标准化建设、模式化管理、无害化生产技术应用，使基地取得明显的经济效益和社会效益。

（二）北坡杂粮、经济林区

本区海拔420～520米，包括全县三屯乡、鹊儿山乡、张家场乡、管家堡乡、云兴镇5个乡（镇）。

1. 区域特点　本区土壤以黄土质母质为主，质地为轻壤，结构疏松，光资源丰富，无霜期短，昼夜温差大，适宜作物干物质的积累。

2. 种植业发展方向　本区种植业以粮为主，建立优质马铃薯、瓜类、杂粮种植基地，大力发展仁用杏等经济林和食用菌。

3. 主要保证措施

（1）玉米、油料良种良法配套，增加产出，提高品质，增加效益。

（2）大面积推广耕地增施有机肥，有效提高土壤有机质含量。

（3）重点建好三屯、鹊儿山、管家堡等乡（镇）的经济林。

（4）加强技术培训，提高农民素质。

（5）加强水利设施建设，千方百计扩大浇水面积。

（三）南坡杂粮、马铃薯牧草区

该区位于小京庄、马道头、水窑、店湾4个乡（镇）。

1. 区域特点　本区土地坡度较缓，土质较好，土壤主要是栗褐土，母质为黄土母质，无霜期短，光照充足，无灌溉条件。

2. 本区以马铃薯种植为主，建立小杂粮、牧草生产基地。

3. 主要保障措施

（1）广辟有机肥源，增施有机肥，改良土壤，提高土壤保水保肥能力。

（2）因地制宜，合理施用化肥。

（3）发展无公害蔬，形成规模，提高市场竞争力。重点抓好以小京庄乡为中心的马铃薯生产基地。同时积极发展小杂粮，充分利用其海拔较高，光照充足，昼夜温差大，提高市场竞争力。

五、农业远景发展规划

左云县农业的发展，应进一步调整和优化农业结构，全面提高农产品品质和经济效益，建立和完善全县耕地质量管理信息系统，随时服务布局调整，从而有力促进全县农村经济的快速发展。现根据各地的自然生态条件、社会经济技术条件，特提出 2015 年发展规划如下：

一是全县粮食占有耕地 55 万亩，复种指数达到 1.1，集中建立 15 万亩国家无公害马铃薯生产基地。

二是稳步发展 2 万亩坡区经济林。

三是集中精力发展牧草养殖业，重点发展圈养牛、羊，力争发展牧草 3 万亩。

综上所述，面临的任务是艰巨的，困难也是很大的，所以要下大力气克服困难，努力实现既定目标。

第四节　主要作物标准施肥系统的建立与无公害农产品生产对策研究

一、养分状况与施肥现状

1. 全县土壤养分与状况　左云县耕地质量评价结表明，土壤有机质平均含量 11.2 克/千克，全氮含量 0.63 克/千克，有效磷 4.33 毫克/千克，速效钾 87.6 毫克/千克，有效铜 0.56 毫克/千克，有效锌 0.43 毫克/千克，有效锰 7.11 毫克/千克，有效铁 6.99 毫克/千克，水溶性硼 0.42 毫克/千克，有效钼 0.06 毫克/千克。

2. 全县施肥现状　农作物平均亩施农家肥 300～500 千克，N 5.3 千克，P_2O_5 4.2 千克，K_2O 0.02 千克，一般农户不施钾肥。微量元素平均使用量较低，甚至有不施微肥的现象。

二、存在问题及原因分析

1. 有机肥和无机肥施用比例失调　20 世纪 70 年代以来，随着化肥工业发展，化肥的施用量大量增加，但有机肥的施用量却在不断减少，随着农业机械化水平提高，农村大牲畜大量减少，农村人居环境改善，有机肥源不断减少，优质有机肥都进了经济田，耕地有机肥用肥量更少。据统计，全县平均亩施有机肥不足 500 千克，农民多以无机肥代替有机肥，有机肥和无机肥施用比例失调。

2. 肥料三要素（N、P、K）施用比例失调　第二次土壤普查后，左云县根据普查结，氮少磷缺钾有余的土壤养分状况提出增氮增磷不施钾，所以在施肥上一直按照氮磷 1∶0.5 的比例施肥，亩施碳酸氢铵 50 千克，普钙 25 千克。但是，左云县低产田产量较低，农民对施用磷肥的积极性不高，致使 30 多年来，土壤有效磷还是保持在 70 年代的水平。据此次调查，所施肥料中的氮、磷、钾养分比例多不适合作物要求，未起到调节土壤养分状况的作用。根据全县农作物的种植和产量情况，现阶段氮、磷、钾化肥的适宜比例应为 1∶0.5∶0.16，而调查结表明，实际施用比例为 1∶0.3∶0.02，并且肥料施用分布极不平衡，高产田比例低于中低产田，部分旱地地块不施磷钾肥，这种现象制约了化肥总体利用率的提高。

3. 化肥用量不当　耕地化肥施用不合理。在大田作物施肥上，人们往往注重高产田投入，而忽视中低产田投入，产量越高，施肥量越大，产量越低施肥量越小，甚至白茬下种。因而造成高产地块肥料浪费，而中低产田产量提不高。据调查，高产田化肥施用总量达 100 千克以上，而中低产田亩用量不足 50 千克。这种化肥不合理分配，直接影响化肥的经济效益和无公害农产品的生产。

4. 化肥施用方法不当

（1）氮肥浅施、表施：这几年，在氮肥施用上，广大农民为了省时、省劲，将碳酸氢铵、尿素撒于地表，旋耕犁旋耕入土，甚至有些用户用后不及时覆土，造成一部分氮素挥发损失，降低了肥料的利用率，有些还造成铵害，烧伤植物叶片。

（2）磷肥撒施：由于大多群众对磷肥的性质了解较少，普遍将磷肥撒施、浅施，作物不能吸收利用，并且造成磷固定，降低了磷的利用率和当季施用肥料的效益。据调查，全县磷肥撒施面积达 60%左右。

（3）复合肥施用不合理：在黄瓜、番茄等种植比例大的蔬菜上，复合肥料和磷酸二铵使用比例很大，从而造成盲目施肥和磷钾资源的浪费。

（4）中产高田忽视钾肥的施用：针对第二次土壤普查结，速效钾含量较高，有 10 年左右的时间 80%的耕地施用氮、磷两种肥料，造成土壤钾素消耗日趋严重。农产品产量和品质受到严重影响。随着种植业结构的进一步调整，作物由单独追求产量变为质量和产量并重，钾肥越来越表现出提质增产的效果。

以上各种问题，随着测土配方施肥项目的实施逐步得到解决。

三、化肥施用区划

（一）目的和意义

根据左云县不同区域、地貌类型、土壤类型的土壤养分状况、作物布局、当前化肥使用水平和历年化肥试验结进行了统计分析和综合研究，按照全县不同区域化肥肥效的规律，58.04 万亩耕地共划分 3 个化肥肥料一级区和 5 个合理施肥二级区，提出不同区域氮、磷、钾化肥的使用标准。为全县今后一段时间合理安排化肥生产、分配和使用，特别是为改善农产品品质，因地制宜调整农业种植布局，发展特色农业，保护生态环境，生产绿色无公害农产品，促进可持续农业的发展提供科学依据，使化肥在全县农业生产发展中发挥更大的增产、增收、增效作用。

（二）分区原则与依据

1. 原则

（1）化肥用量、施用比例和土壤类型及肥效的相对一致性。

（2）土壤地力分布和土壤速效养分含量的相对一致性。

（3）土地利用现状和种植区划的相对一致性。

（4）行政区划的相对完整性。

2. 依据

（1）农田养分平衡状况及土壤养分含量状况。

（2）作物种类及分布。

（3）土壤地理分布特点。

（4）化肥用量、肥效及特点。

（5）不同区域对化肥的需求量。

（三）分区和命名方法

化肥区划分为两级区，Ⅰ级区反映不同地区化肥施用的现状和肥效特点。Ⅱ级区根据现状和今后农业发展方向，提出对化肥合理施用的要求。Ⅰ级区按地名＋主要土壤类型＋氮肥用量＋磷肥用量及肥效结合的命名法而命名。氮肥用量按作物每亩平均施 N 量，划分为高量区（10 千克以上）、中量区（7.6～10 千克）、低量区（5.1～7.5 千克）、极低量区（5 千克以下）；磷肥用量按每季作物每亩平均施用 P_2O_5 划分为高量区（7.5 千克以上）、中量区（5.1～7.5 千克）、低量区（2.6～5 千克）、极低量区（2.5 千克以下）；钾肥肥效按每千克 K_2O 增产粮食千克数划分为高效区（5 千克以上）、中效区（3.1～5 千克）、低效区（1.1～3.1 千克）、未显效区（1 千克以下）。Ⅱ级区按地名地貌＋作物布局＋化肥需求特点的命名法命名。根据农业生产指标，对今后氮、磷、钾的需求量，分为增量区（需较大幅度增加用时，增加量大于 20%）、补量区（需少量增加用量，增加量小于 20%）、稳量区（基本保持现有用量）、减量区（降低现有用量）。

1. 低山氮肥量磷肥低量钾肥未显效区 包括水窑乡与马道头乡，主要种植莜麦、豆类。土壤类型为沙泥质栗褐土和黄土质栗褐土。该区海拔 1 500～1 800 米，水土流失严重，土壤养分有机质平均含量 12.73 克/千克，全氮为 0.66 克/千克，有效磷 6.27 毫克/千克，速效钾 89.85 毫克/千克，微量元素锰铁硼含量偏低。

$Ⅰ_1$低山莜麦稳氮稳磷区

该区土壤肥力状况较差，受干旱条件影响，常年莜麦平均亩产 75 千克左右，建议当季莜麦亩施氮（N）3.5～4 千克，磷（P_2O_5）1.5～2 千克；豆类 80 千克目标产量，建议亩施氮（N）4 千克，磷（P_2O_5）6 千克。

2. 丘陵氮肥中量磷肥低量钾肥中效区

Ⅰ西北部丘陵稳氮稳磷补钾

包括三屯、云兴镇。主要种植马铃薯、玉米、莜麦。土壤类型以黄土状淡栗褐土为主。土壤养分平均含量有机质 11.58 克/千克，全氮 0.67 克/千克，有效磷 4.55 毫克/千克，速效钾 85.88 毫克/千克，微量元素硼钼铁含量偏低。马铃薯目标产量 1 300 千克，施氮肥 7 千克/亩，磷肥 6 千克/亩，钾肥 3 千克，有机肥 2 000 千克。

Ⅱ东北部丘陵稳氮增磷稳钾区。包括管家堡和张家场 2 个乡，该区主要种植作物有马铃薯、瓜类、豆类、胡麻。土壤类型以栗褐土为主，土壤养分平均含量有机质 33.27 克/千克，全氮 1.173 克/千克，有效磷 20.69 毫克/千克，速效钾 184.03 毫克/千克，微量元素硼钼铁含量偏低。

胡麻亩产 100 千克，建议亩施氮（N）8 千克，磷（P_2O_5）4.2 千克；豆类亩产 80 千克，亩施氮（N）4.3 千克，磷（P_2O_5）5.7 千克。

Ⅲ中部丘陵增氮稳磷肥补钾区

该区包括全县云兴、小京乡、张家场 3 个乡（镇），主要种植马铃薯、小杂粮，该区土壤类型以淡栗褐土为主，土壤肥力中等。土壤养分平均含量有机质为 10.35 克/千克，全氮为 0.63 克/千克，有效磷 4.82 毫克/千克，速效钾 83.58 毫克/千克，微量元素铁钼硼含量偏低。

Ⅳ南部丘陵增氮稳磷增钾区

该区包括小京庄、云兴、马道头 3 个乡（镇），该区土壤为全县取好的丘陵土壤，主要以种植马铃薯、莜麦、豆类为主，土壤养分平均含量有机质为 12.06 克/千克，全氮为 0.68 克/千克，有效磷 5.35 毫克/千克，速效钾 94.61 毫克/千克，微量元素铁钼硼含量偏低。

3. 平原阶地氮肥中量磷肥低量钾肥中效区

Ⅰ平川马铃薯增氮增磷补钾区

包括云兴镇、张家场乡 2 个乡（镇），该区土壤以淡栗褐土为主，该区地形平坦，农田基础设施完善，全县的水浇地大部分集中在该区，是全县蔬菜的主产区。但由于农民的对肥料的应用认识不足，土壤养分较低，所以在推荐施肥上，也要注意对土壤的培肥。土壤养分平均含量有机质为 11.39 克/千克，全氮 0.65 克/千克，有效磷 4.49 毫克/千克，速效钾 87.86 毫克/千克，微量元素锰铁钼含量偏低。

（四）提高化肥利用率的途径

1. 统一规划，着眼布局：化肥使用区划意见，对全县农业生产及发展起着整体指导和调节作用，使用当中要宏观把握，明确思路。以地貌类型和土壤类型及行政区域划分的 3 个化肥肥效一级区和 6 个化肥合理施肥二级区在肥效与施肥上基本保持一致。具体到各区各地因受不同地形部位和不同土壤亚类的影响，在施肥上不能千篇一律，死搬硬套，以化肥使用区划为标准，结合当地实际情况确定合理科学的施肥量。

2. 因地制宜，节本增效：全县地形复杂，土壤肥力差异较大，各区在化肥使用上一定要本着因地制宜，因作物制宜，节本增效的原则，通过合理施肥及相关农业措施，不仅要达到节本增效的目的，而且要达到用养结合、培肥地力的目的，变劣势为优势。对坡降较大的丘陵、沟壑和山前倾斜平原区要注意防治水土流失，施肥上要少量多次，修整梯田，建“三保田”。

3. 秸秆还田、培肥地力：运用合理施肥方法，大力推广秸秆还田，提高土壤肥力，增加土壤团粒结构，提高化肥利用率，同时合理轮作倒茬，用养结合。旱地氮肥“一炮轰”，水地底施 1/2，追施 1/2。磷肥集中深施，褐土地钾肥分次施，有机无机相结合，氮磷钾微相结合。

总之，要科学合理施用化肥，以提高化肥利用率为目的，以达到增产增收增效。

四、无公害农产品生产与施肥

无公害农产品是指产地环境、生产过程和产品质量均符合国家有关标准的规范的要求，经认证合格，获得认证证书并允许使用无公害农产品标志的未经加工或初加工的农产品。根据无公害农产品标准要求，针对全县耕地质量调查施肥中存在的问题，发展无公害农产品，施肥中应注意以下几点：

（一）选用优质农家肥

农家肥是指含有大量生物物质、动植物残体、排泄物、生物废物等有机物质的肥料。在无公害农产品的生产中，一定要选用足量的经过无害化处理的堆肥、沤肥、厩肥、饼肥等优质农家肥作基肥。确保土壤肥力逐年提高，满足无公害农产品的生产。

（二）选用合格商品肥

商品肥料有精制有机肥料、有机无机复混肥料、无机肥料、腐殖酸类肥料、微生物肥料等。生产无公害农产品时一定要选用合格的商品肥料。

（三）改进施肥技术

1. 调控化肥用量 这几年，随着农业结构调整，种植业结构发生了很大变化，经济作物面积扩大，因而造成化肥用量持续提高，不同作物之间施肥量差距不断扩大。因此，要调控化肥用量时，避免施肥两极分化，尤其是控制氮肥用量，努力提高化肥利用率，减少化肥损失或造成的农田环境污染。

2. 调整施肥比例 首先将有机肥和无机肥比例逐步调整到 1∶1，充分发挥有机肥料在无公害农产品生产中的作用。其次，实施补钾工程，根据不同作物、不同土壤合理施用钾肥，合理调整 N、P、K 比例，发挥钾肥在无公害农产品生产中的作用。

3. 改进施肥方法 施肥方法不当，易造成肥料损失浪费、土壤及环境污染，影响作物生长，所以施肥方法一定要科学，氮肥要深施，减少地面熏伤，忌氯作物不施或少施含氯肥料。因地、因作物、因肥料确定施肥方法，生产优质、高产无公害农产品。

五、不同作物的科学施肥标准

针对全县农业生产基本条件，种植作物种类、产量、土壤肥力及养分含量状况，无公害农产品生产施肥总的思路是：以节本增效为目标，立足抗旱栽培，着眼于优质、高产、高效、安全农业生产，着力于提高肥料利用率，采取控氮稳磷补钾配再生的原则，在增施有机肥和保持化肥施用总量基本平衡的基础上，合理调整养分比例，普及科学施肥方法，积极试验和示范微生物肥料。

根据全县施肥总的思路，提出全县主要作物施肥标准如下：

1. 玉米 亩产 200～300 千克，亩施 N 6～8 千克、P_2O_5 3～5.5 千克；亩产 300～400 千克，亩施 N 7～10 千克、P_2O_5 4～5.5 千克；亩产 400 千克以上，亩施 N 9.5～12.5 千克、P_2O_5 7～11 千克、K_2O 2～5 千克。

2. 蔬菜 叶菜类：如白菜、韭菜等，一般亩产 3 000～4 000 千克，有机肥 3 000 千克以上，亩施 N 10～15 千克、P_2O_5 5～8 千克、K_2O 5～8 千克。果菜类：如番茄、黄瓜等，一般亩产 5 000～6 000 千克，亩施 N 20～30 千克、P_2O_5 10～15 千克、K_2O 25～30 千克。

3. 马铃薯 亩产 1 000～1 500 千克、亩施 N 5～7 千克、P_2O_5 5～6 千克，K_2O 2～3 千克；亩产 1 500～2 000 千克，亩施 N 7～25 千克、P_2O_5 6～7 千克、K_2O 3～4 千克；亩产 2 000 千克以上，亩施 N 8～10 千克、P_2O_5 7～8 千克、K_2O 3～4 千克。

4. 莜麦 亩产 50～75 千克，亩施 N 3～3.5 千克、P_2O_5 1～15 千克；亩产 75～100

千克，亩施 N 3.5～4.5 千克、P_2O_5 2～3 千克；亩产 100～150 千克，亩施 N 4.5～5.5 千克、P_2O_5 4.5～6 千克。

第五节　耕地质量管理对策

耕地地力调查与质量评价成为全县耕地质量管理提供了依据，耕地质量管理决策的制定，成为全县农业可持续发展的核心内容。

一、建立依法管理体制

（一）工作思路

以发展优质高效、生态、安全农业为目标，以耕地质量动态监测管理为核心，以土壤地力改良利用为重点，通过农业种植业结构调查，合理配置现有农业用地，逐步提高耕地地力水平，满足人民日益增长的农产品需求。

（二）建立完善行政管理机制

1. 制定总体规划　坚持“因地制宜、统筹兼顾，局部调整、挖掘潜力”的原则，制定全县耕地地力建设与土壤改良利用总体规划，实行耕地用养结合，划定中低产田改良利用范围和重点，分区制定改良措施，严格统一组织实施。

2. 建立以法保障体系　制定并颁布《左云县耕地质量管理办法》，设立专门监测管理机构，县、乡、村三级设定专人监督指导，分区布点，建立监控档案，依法检查污染区域项目治理工作，确保工作高效到位。

3. 加大资金投入　县政府要加大资金支持，县财政每年从农发资金中列支专项资金，用于全县中低产田改造和耕地污染区域综合治理，建立财政支持下的耕地质量信息网络，推进工作有效开展。

（三）强化耕地质量技术实施

1. 提高土壤肥力　组织县、乡农业技术人员实地指导，组织农户合理轮作，平衡施肥，安全施药、施肥，推广秸秆还田、种植绿肥、施用生物菌肥，多种途径提高土壤肥力，降低土壤污染，提高土壤质量。

2. 改良中低产田　实行分区改良，重点突破。灌溉改良区重点抓好灌溉配套设施的改造、节水浇灌、挖潜增灌、扩大浇水面积，丘陵、山区中低产区要广辟肥源，深耕保墒，轮作倒茬，粮草间作，扩大植被覆盖率，修整梯田，达到增产增效目标。

二、建立和完善耕地质量监测网络

随着左云县工业化进程的不断加快，工业污染日益严重，在重点工业生产区域建立耕地质量监测网络已迫在眉睫。

1. 设立组织机构　耕地质量监测网络建设，涉及环保、土地、水利、经贸、农业等多个部门，需要县政府协调支持，成立依法行政管理机构。

2. 配置监测机构 由县政府牵头，各职能部门参与，组建左云县耕地质量监测领导组，在县环保局下设办公室，设定专职领导与工作人员，建立企业治污工程体系，制定工作细则和工作制度，强化监测手段，提高行政监测效能。

3. 加大宣传力度 采取多种途径和手段，加大《环保法》宣传力度，在重点污排企业及周围乡村印刷宣传广告，大力宣传环境保护政策及科普知识。

4. 监测网络建立 在全县依据这次耕地质量调查评价结，划定安全、非污染、轻污染、中度污染、重污染五大区域，每个区域确定10～20个点，定人、定时、定点取样监测检验，填写污染情况登记表，建立耕地质量监测档案。对污染区域的污染源，要查清原因，由县耕地质量监测机构依据检测结，强制企业污染限期限时达标治理。对未能限期达标企业，一律实行关停整改，达标后方可生产。

5. 加强农业执法管理 由县农业、环保、质检行政部门组成联合执法队伍，宣传农业法律知识，对市场化肥、农药实行市场统一监控、统一发布，将假冒农用物资一律依法查封销毁。

6. 改进治污技术 对不同污染企业采取烟尘、污水、污碴分类科学处理转化。对工业污染河道及周围农田，采取有效物理、化学降解技术，降解铅、镉及其他重金属污染物，并在河道两岸50米栽植花草、林木、净化河水，美化环境；对化肥、农药污染农田，要划区治理，积极利用农业科研成，组成科技攻关组，引试降解剂，逐步消解污染物。

7. 推广农业综合防治技术 在增施有机肥降解大田农药、化肥及垃圾废弃物污染的同时，积极宣传推广微生物菌肥，以改善土壤的理化性状，改变土壤溶液酸碱度，改善土壤团粒结构，减轻土壤板结，提高土壤保水、保肥性能。

三、农业税费政策与耕地质量管理

目前，农业税费改革和粮食补贴政策的出台极大调整农民粮食生产积极性，成为耕地质量恢复与提高的内在动力，对全县耕地质量的提高具有以下几个作用：

1. 加大耕地投入，提高土壤肥力 目前，全县丘陵面积大，中低产田分布区域广，粮食生产能力较低。税费改革政策的落实有利于提高单位面积耕地养分投入水平，逐步改善土壤养分含量，改善土壤理化性状，提高土壤肥力，保障粮食产量恢复性增长。

2. 改进农业耕作技术，提高土壤生产性能 农民积极性的调动，成为耕地质量提高的内在动力，将促进农民平田整地，耙耱保墒，加强耕地机械化管理，缩减中低产田面积，提高耕地地力等级水平。

3. 采用先进农业技术，增加农业比较效益 采取有机旱作农业技术，合理优化适栽技术，加强田间管理，节本增效，提高农业比较效益。

农民以田为本，以田谋生，农业税费政策出台以后，土地属性发生变化，农民由有偿支配变为无偿使用，成为农民家庭财富的一部分，对农民增收和国家经济发展将起到积极的推动作用。

四、扩大无公害农产品生产规模

在国际农产品质量标准市场一体化的形势下，扩大全县无公害农产品生产成为满足社会消费需求和农民增收的关键。

（一）理论依据

综合评价结，耕地无污染，适合生产无公害农产品，适宜发展绿色农业生产。

（二）扩大生产规模

在左云县发展绿色无公害农产品，扩大生产规模，要根据耕地地力调查与质量评价结为依据，充分发挥区域比较优势，合理布局，规模调整。一是粮食生产上，在全县发展，10万亩无公害优质玉米，10万亩无公害马铃薯，10万亩无公害优质小杂粮；二是在蔬菜生产上，发展无公害蔬菜1万亩。

（三）配套管理措施

1. 建立组织保障体系　设立左云县无公害农产品生产领导组，下设办公室，地点在县农业委员会。组织实施项目列入县政府工作计划，单列工作经费，由县财政负责执行。

2. 加强质量检测体系建设　成立县级无公害农产品质量检验技术领导组，县、乡下设两级监测检验的网点，配备设备及人员，制定工作流程，强化监测检验手段，提高检测检验质量，及时指导生产基地技术推广工作。

3. 制定技术规程　组织技术人员建立全县无公害农产品生产技术操作规程，重点抓好平衡施肥，合理施用农药，细化技术环节，实现标准化生产。

4. 打造绿色品牌　重点实施好无公害蔬菜等生产。

五、加强农业综合技术培训

自20世纪80年代起，左云县就建立起县、乡、村三级农业技术推广网络。县农业技术推广中心牵头，搞好技术项目的组织与实施，负责划区技术指导，行政村配备1名科技副村长，在全县设立农业科技示范户。先后开展了玉米、蔬菜、小杂粮、马铃薯等优质高产高效生产技术培训，推广了旱作农业、生物覆盖、玉米地膜覆盖、双千创优工程及设施蔬菜“四位一体”综合配套技术。

现阶段，左云县农业综合技术培训工作一直保持领先，有机旱作、测土配方施肥、节水灌溉、生态沼气、无公害蔬菜生产技术推广已取得明显成效。充分利用这次耕地地力调查与质量评价，主抓以下几方面技术培训：一是宣传加强农业结构调整与耕地资源有效利用的目的及意义；二是全县中低产田改造和土壤改良相关技术推广；三是耕地地力环境质量建设与配套技术推广；四是绿色无公害农产品生产技术操作规程；五是农药、化肥安全施用技术培训；六是农业法律、法规、环境保护相关法律的宣传培训。

通过技术培训，使左云县农民掌握必要的知识与生产实行技术，推动耕地地力建设，提高农业生态环境、耕地质量环境的保护意识，发挥主观能动性，不断提高全县耕地地力水平，以满足日益增长的人口和物资生活需求，为全面建设小康社会打好农业发展基础平台。

第六节 耕地资源管理信息系统的应用

耕地资源信息系统以一个县行政区域内耕地资源为管理对象，应用GIS技术，对辖区内的地形、地貌、土壤、土地利用、农田水利、土壤污染、农业生产基本情况、基本农田保护区等资料进行统一管理，构建耕地资源基础信息系统，并将其数据平台与各类管理模型结合，对辖区内的耕地资源进行系统的动态管理，为农业决策、农民和农业技术人员提供耕地质量动态变化规律、土壤适宜性、施肥咨询、作物营养诊断等多方位的信息服务。

本系统行政单元为村，农业单元为基本农田保护块，土壤单元为土种，系统基本管理单元为土壤、基本农田保护块、土地利用现状叠加所形成的评价单元。

一、领导决策依据

这次耕地地力调查与质量评价直接涉及耕地自然要素、环境要素、社会要素及经济要素4个方面，为耕地资源信息系统的建立与应用提供了依据。通过全县生产潜力评价、适宜性评价、土壤养分评价、科学施肥、经济性评价、地力评价及产量预测，及时指导农业生产的发展，为农业技术推广应用作好信息发布，为用户需求分析及信息反馈打好基础。主要依据：一是全县耕地地力水平和生产潜力评估为农业远期规划和全面建设小康社会提供了保障；二是耕地质量综合评价，为领导提供了耕地保护和污染修复的基本思路，为建立和完善耕地质量检测网络提供了方向；三是耕地土壤适宜性及主要限制因素分析为全县农业调整提供了依据。

二、动态资料更新

这次左云县耕地地力调查与质量评价中，耕地土壤生产性能主要包括地形部位、土体构型较稳定的物理性状、易变化的化学性状、农田基础建设5个方面。耕地地力评价标准体系与1983年土壤普查技术标准出现部分变化，耕地要素中基础数据有大量变化，为动态资料更新提供了新要求。

（一）耕地地力动态资源内容更新

1. 评价技术体系有较大变化 这次调查与评价主要运用了“3S”评价技术。在技术方法上，采用文字评述法、专家经验法、模糊综合评价法、层次分析法、指数和法；在技术流程上，应用了叠置法确定评价单元，空间数据与属性数据相连接，采用特尔菲法和模糊综合评价法，确定评价指标，应用层次分析法确定各评价因子的组合权重，用数据标准化计算各评价因子的隶属函数并将数值进行标准化，应用了累加法计算每个评价单元的耕地力综合评价指数，分析综合地力指数，分布划分地力等级，将评价的地方等级归入农业部地力等级体系，采取GIS、GPS系统编绘各种养分图和地力等级图等图件。

2. 评价内容有较大变化 除原有地形部位、土体构型等基础耕地地力要素相对稳定以外，土壤物理性状、易变化的化学性状、农田基础建设等要素变化较大，尤其是有机质、pH、有效磷、速效钾指数变化明显。

3. 增加了耕地质量综合评价体系　土样、水样化验检测结为全县绿色、无公害农产品基地建立和发展提供了理论依据。图件资料的更新变化，为今后全县农业宏观调控提供了技术准备，空间数据库的建立为全县农业综合发展提供了数据支持，加速了全县农业信息化快速发展。

（二）动态资料更新措施

结合这次耕地地力调查与质量评价，全县及时成立技术指导组，确定专门技术人员，从土样采集、化验分析、数据资料整理编辑，电脑网络连接畅通，保证了动态资料更新及时、准确，提高了工作效率和质量。

三、耕地资源合理配置

（一）目的意义

多年来，左云县耕地资源盲目利用，低效开发，重复建设情况十分严重，随着农业经济发展方向的不断延伸，农业结构调整缺乏借鉴技术和理论依据。这次耕地地力调查与质量评价成对指导全县耕地资源合理配置，逐步优化耕地利用质量水平，对提高土地生产性能和产量水平具有现实意义。

左云县耕地资源合理配置思路是：以确保粮食安全为前提，以耕地地力质量评价成为依据，以统筹协调发展为目标，用养结合，因地制宜，内部挖潜，发挥耕地最大生产效益。

（二）主要措施

1. 加强组织管理，建立健全工作机制　县上要组建耕地资源合理配置协调管理工作体系，由农业、土地、环保、水利、林业等职能部门分工负责，密切配合，协同作战。技术部门要抓好技术方案制定和技术宣传培训工作。

2. 加强农田环境质量检测，抓好布局规划　将企业列入耕地质量检测范围。企业要加大资金投入和技术改造，降低“三废”对周围耕地污染，因地制宜大力发展绿色无公害农产品优势生产基地。

3. 加强耕地保养利用，提高耕地地力　依照耕地地力等级划分标准，划定左云县耕地地力分布界限，推广平衡施肥技术，加强农田水利基础设施建设，平田整地，淤地打坝，中低产田改良，植树造林，扩大植被覆盖面，防止水土流失，提高梯（园）田化水平。采用机械耕作，加深耕层，熟化土壤，改善土壤理化性状，提高土壤保水保肥能力。划区制定技术改良方案，将全县耕地地力水平分级划分到村、到户，建立耕地改良档案，定期定人检查验收。

4. 重视粮食生产安全，加强耕地利用和保护管理　根据左云县农业发展远景规划目标，要十分重视耕地利用保护与粮食生产之间的关系。人口不断增长，耕地逐年减少，要解决好建设与吃饭的关系，合理利用耕地资源，实现耕地总面积动态平衡，解决人口增长与耕地矛盾，实现农业经济和社会可持续发展。

总之，耕地资源配置，主要是各土地利用类型在空间上的整体布局；另一层含义是指同一土地利用类型在某一地域中是分散配置还是集中配置。耕地资源空间分布结构折射出其地域特征，而合理的空间分布结构可在一定程度上反映自然生态和社会经济系统间的协调程度。耕地的配置方式，对耕地产出效益的影响截然不同，经过合理配置，农村耕地相对规模集中，既利于农业管理，又利于减少投工投资，耕地的利用率将有较大提高。

一是严格执行《基本农田保护条例》，增加土地投入，大力改造中低产田，使农田数量与质量稳步提高；二是园地面积要适当调整，淘汰劣质园，发展优质品生产基地；三是林草地面积适量增长，加大四荒拍卖开发力度，种草植树，力争森林覆盖率达到30%，牧草面积占到耕地面积的2%以上。搞好河道、滩涂地有效开发，增加可利用耕地面积。加大小流域综合治理，在搞好耕地整治规划的同时，治山治坡、改土造田、基本农田建设与农业综合开发结合进行；要采取措施，严控企业占地，严控农村宅基地占用一级、二级耕田，加大农村废弃宅基地的返田改造，盘活耕地存量调整，“开源”与“节流”并举，加快耕地使用制度改革。实行耕地使用证发放制度，促进耕地资源的有效利用。

四、土、肥、水、热资源管理

（一）基本状况

左云县耕地自然资源包括土、肥、水、热资源。它是在一定的自然和农业经济条件下逐渐形成的，其利用及变化均受到自然、社会、经济、技术条件的影响和制约。自然条件是耕地利用的基本要素。热量与降水是气候条件最活跃的因素，对耕地资源影响较为深刻，不仅影响耕地资源类型形成，更重要的是直接影响耕地的开发程度、利用方式、作物种植、耕作制度等方面。土壤肥力则是耕地地力与质量水平基础的反映。

1. 光热资源 左云县属温带大陆性季风气候，四季分明，冬季寒冷干燥，夏季炎热多雨。年均气温为6.2℃，大于等于10℃的有效积温2 381℃，极端最高气温达34.5℃，极低气温－29℃。历年平均日照时数为2 696.3小时，无霜期113天。

2. 降水与水文资源 左云县全年降水量为424.6毫米，降水年际变化较大，多雨年最大降水量曾达628.3毫米，少雨年最小降水量282.7毫米。不同地形间雨量分布规律：北部和南部山区降水较多，降水量500毫米以上，平川地区较少，年降水量在480毫米以下，年度间全县降水量差异较大，降水量季节性分布明显，主要集中在7月、8月、9月这3个月，占年总降水量42.2%左右。

左云县地处黄土高原，地下水利资源天然补给量为4 226万米^3，消耗量为1 063亿米^3。

3. 土壤肥力水平 左云县耕地土壤类型为：栗褐土、潮土两大类，其中栗褐土分布面积较广，约占89%，潮土约占11%，全县土壤质地较好，主要分为壤土、沙壤土等类型。

（二）管理措施

在左云县建立土壤、肥力、水热资源数据库，依照不同区域土、肥、水热状况，分类分区划定区域，设立监控点位、定人、定期填写检测结，编制档案资料，形成有连续性的综合数据资料，有利于指导全县耕地地力恢复性建设。

五、科学施肥体系与灌溉制度的建立

（一）科学施肥体系建立

左云县平衡施肥工作起步较早，最早始于20世纪70年代末定性的氮磷配合施肥，80年代初为半定量的初级配方施肥。90年代以来，有步骤定期开展土壤肥力测定，逐步建立了适合全县不同作物、不同土壤类型的施肥模式。在施肥技术上，提倡“增施有机肥，稳施氮肥，增施磷，补施钾肥，配施微肥和生物菌肥”。

根据全县耕地地力调查结看，土壤有机质含量有所回升，平均含量为11.2克/千克，属省四级水平，比第二次土壤普查9.9克/千克，提高了1.3克/千克。全氮平均含量0.63克/千克，属省四级水平，比第二次土壤普查提高0.03克/千克；有效磷平均含量为4.43克/千克，属省四级水平，比第二次土壤普查提高0.03克/千克。速效钾平均含量为87.76毫克/千克，比第二次土壤普查减少10毫克/千克。

1. 调整施肥思路　以节本增效为目标，立足抗旱栽培，着力提高肥料利用率，采取“增氮、稳磷、补钾、配微”原则，坚持有机肥与无机肥相结合，合理调整养分比例，按耕地地力与作物类型分期供肥，科学施用。

2. 施肥方法

（1）因土施肥：不同土壤类型保肥、供肥性能不同。对全县丘陵区旱地，土壤的土体构型为通体壤，一般将肥料作基肥一次施用效最好；对左云河两岸的壤土、黏壤土等构型土壤，肥料特别是钾肥应少量多次施用。

（2）因品种施肥：肥料品种不同，施肥方法也不同。对碳酸氢铵等易挥发性化肥，必须集中深施覆盖土，一般为10～20厘米，硝态氮肥易流失，宜作追肥，不宜大水漫灌；尿素为高浓度中性肥料，作底肥和叶面喷肥效最好，在旱地做基肥集中条施。磷肥易被土壤固定，常作基肥和种肥，要集中沟施，且忌撒施土壤表面。

（3）因苗施肥：对基肥充足，生长旺盛的田块，要少量控制氮肥，少追或推迟追肥时期；对基肥不足，生长缓慢田块，要施足基肥，多追或早追氮肥；对后期生长旺盛的田块，要控氮补磷施钾。

3. 选定施用时期　因作物选定施肥时期。玉米追肥宜选在拔节期和大喇叭口期施肥，同时可采用叶面喷施锌肥。

在作物喷肥时间上，要看天气施用，要选无风、晴朗天气，早上8：00～9：00以前或下午16:00以后喷施。

4. 选择适宜的肥料品种和合理的施用量施肥　在品种选择上，增施有机肥、高温堆沤积肥、生物菌肥；严格控制硝态氮肥施用，忌在忌氯作物上施用氯化钾，提倡施用硫酸钾肥，补施铁肥、锌肥、硼肥等微量元素化肥。在化肥用量上，要坚持无害化施用原则，一般菜田，亩施腐熟农家肥2 000～4 000千克、尿素25～30千克、磷肥40千克、钾肥10～15千克。日光温室以番茄为例，一般亩产6 000千克，亩施有机肥4 000千克、氮肥

(N) 25千克、磷 (P_2O_5) 23千克、(K_2O) 16千克，配施适量硼、锌等微量元素。

(二) 灌溉制度的建立

左云县为贫水区之一，主要采取抗旱节水灌溉为主。

1. 少耕穴灌种植模式 主要采用少耕穴灌旱作技术模式，深翻耕作，加深耕层，平田整地，提高园（梯）田化水平，开穴点水，地膜覆盖等配套技术措施，提高旱地农田水分利用率。

2. 扩大井水灌溉面积 水源条件较好的旱地，打井造渠，利用分畦浇灌或管道渗灌、喷灌，节约用水，保障作物生育期一次透水。平川井灌区要修整管道，按作物需水高峰期浇灌，全生育期保证2～3水，满足作物生长需求。切忌大水漫灌。

(三) 体制建设

在全县建立科学施肥与灌溉制度，农业、技术部门要严格细化相关施肥技术方案，积极宣传和指导；水利部门要抓好淤地打坝、井灌配套等基本农田水利设施建设，提高灌溉能力；林业部门要加大荒坡、荒山植树植被、绿色环境，改善气候条件，提高年际降雨量；农业环保部门要加强基本农田及水污染的综合治理，改善耕地环境质量和灌溉水质量。

六、信息发布与咨询

耕地地力与质量信息发布与咨询，直接关系到耕地地力水平的提高，关系到农业结构调整与农民增收目标的实现。

(一) 体系建立

以左云县农业技术部门为依托，在省、市农业技术部门的支持下，建立耕地地力与质量信息发布咨询服务体系，建立相关数据资料展览室，将全县土壤、土地利用、农田水利、土壤污染、基本农业田保护区等相关信息融入电脑网络之中，充分利用县、乡两级农业信息服务网络，对辖区内的耕地资源进行系统的动态管理，为农业生产和结构调整做好耕地质量动态变化、土壤适宜性、施肥咨询、作物营养诊断等多方位的信息服务。在乡村建立专门试验示范生产区，专业技术人员要做好协助指导管理，为农户提供技术、市场、物资供求信息，定期记录监测数据，实现规范化管理。

(二) 信息发布与咨询服务

1. 农业信息发布与咨询 重点抓好玉米、马铃薯、蔬菜、水、小杂粮、中药材等适栽品种供求动态、适栽管理技术、无公害农产品化肥和农药科学施用技术、农田环境质量技术标准的入户宣传、编制通俗易懂的文字、图片发放到每家每户。

2. 开辟空中课堂抓宣传 充分利用覆盖全县的电视传媒信号，定期做好专题资料宣传，并设立信息咨询服务电话热线，及时解答和解决农民提出的各种疑难问题。

3. 组建农业耕地环境质量服务组织 在左云县乡村选拔科技骨干及科技副村长，统一组织耕地地力与质量建设技术培训，组成农业耕地地力与质量管理服务队，建立奖罚机制，鼓励他们谏言献策，提供耕地地力与质量方面信息和技术思路，服务于全县农业发展。

4. 建立完善执法管理机构 成立由左云县土地、环保、农业等行政部门组成的综合行政执法决策机构，加强对全县农业环境的执法保护。开展农资市场打假，依法保护利用土地，监控企业污染，净化农业发展环境。同时配合宣传相关法律、法规，让群众家喻户晓，自觉接受社会监督。

第七节　左云县优质玉米耕地适宜性分析报告

左云县历年来种植面积保持在10万亩左右，其中水浇地0.5万亩。近年来随着食品工业的快速发展和人们生活水平的不断提高，对优质玉米的需求呈上升趋势，因此，充分发挥区域优势，搞好优质玉米生产，抵御入世后对玉米生产的冲击，对提升玉米产业化水平，满足市场需求，提高市场竞争力意义重大。

一、优质玉米生产条件的适宜性分析

左云县属温带大陆性季风气候区，年平均气温6.2℃，大于等于10℃的有效积温为2 381℃，全年无霜期112天，全年降水量平均为443毫米。土壤类型主要为栗褐土、褐土、潮土，理化性能较好，为优质玉米生产提供了有利的环境条件。

优质玉米产区耕地地力现状

1. 河漫滩区　该区耕地面积3 000亩，该区有机质含量10.92克/千克，属省四级水平；全氮0.62克/千克，属省四级水平；有效磷3.96毫克/千克，属省五级水平；速效钾89.85毫克/千克，属省四级水平；微量元素猛、钼、硼、铁均属四级水平。

2. 阶地区　该区耕地面积5 000亩，该区有机质含量11.39克/千克，属省四级水平；全氮0.65克/千克，属省四级水平；有效磷4.49毫克/千克，属省五级水平；速效钾含量87.86毫克/千克，属省四级水平；微量元素铁、硼、钼偏低。

3. 丘陵区　该区耕地面积8.2万亩，该区有机质含量12.02克/千克，属省四级水平；全氮0.65克/千克，属省四级水平；有效磷含量5.23毫克/千克，属省五级水平；速效钾含量93.53毫克/千克，属省四级水平；微量元素钼、硼、铁较低。

二、优质玉米生产技术要求

（一）引用标准

GB 3095—1982　大气环境质量标准

GB 9137—1988　大气污染物最高允许浓度标准

GB 5084—1992　农田灌溉水质标准

GB 15618—1995　土壤环境质量标准

GB 3838—1988　国家地下水环境质量标准

GB 4285—1989　农药安全使用标准

（二）具体要求

1. 土壤条件　优质玉米的生产必须以良好的土、肥水、热、光等条件为基础。实践证明，

耕层土壤养分含量一般应达到下列指标，有机质（12.2±1.48）克/千克，全氮（0.84±0.08）克/千克，有效磷（29.8±14.9）毫克/千克，速效钾（91±25）毫克/千克为宜。

2. 生产条件 优质玉米生产在地力、肥力条件较好的基础上，要较好地处理群体与个体矛盾，改善群体内光照条件，使个体发育健壮，达到穗大、粒重、高产，全生长期220～250天，降水量400～800毫米。

（三）播种及管理

1. 种子处理 要选用株型较紧凑、光合能力强、抗倒伏、抗病、抗逆性好的良种，要求纯度达98%、发芽率95%、净度达98%以上。播前选择晴朗天气晒种，要针对性用绿色生物农药进行拌种。

2. 整地施肥 水浇地复种指数较高，每年春4月15日左右深耕，耙耱。本着以产定肥，按需施肥的原则，产量水平200～300千克的玉米，亩施氮肥6～8千克，磷肥3～5.5千克，锌肥1～2千克，有机肥1 000～1 500千克；产量水平300～400千克，亩施氮肥7～10千克，磷肥4～6千克，钾肥5～15千克，锌肥2～3千克，有机肥1 000千克。产量水平400千克以上，亩施氮肥9.5～12.5千克，磷肥7～11千克，钾肥2～5千克，锌肥3～5千克，有机肥1 000千克。

3. 播种 优质玉米播种以4月20日至5月10日播种为宜，播种量以每亩2.5～3.5千克为宜。

4. 管理

（1）出苗后管理：出苗后要及时查苗补种，这是确保全苗的关键。出苗后遇雨，待墒情适宜时，及时精耕划锄，破除板结，通气，保根系生长。

（2）冬前管理：首先要疏密补稀，保证苗全苗均。于4叶前再进行查苗，疏密补稀，补后踏实并在补苗处浇水。深耕断根，浇冬水前，在总蘖数充足或过多的麦田，进行隔行深耕断根，控上促下，促进小麦根系发育。其次是浇冬水，于冬至小雪期间浇水。墒情适宜时及时划锄。

（3）春季管理：返青期精细划锄，以通气、保墒，提高地温，促根系发育。起身期或拔节期追肥浇水。地力高、施肥足、群体适宜或偏大的麦田，宜在拔节期追肥浇水；地力一般、群体略小的麦田，宜在起身期追肥浇水。追肥量为氮素占50%。浇足孕穗水，浇透浇足孕穗水有利于减少小花退化，增加穗粒数，保证土壤深层蓄水，供后期吸收利用。

在施肥上要考虑到：氮磷配合能改善籽粒营养品质；增施钾肥改善植株氮代谢状况；增施磷肥，可增加籽粒赖氨酸、蛋氨酸含量，改善加工品质；增施硼、锌等微量元素，可提高蛋白质含量；采用开花成熟期适当控水，能减轻生育后期灌水对小麦籽粒蛋白质和沉降值下降的不利影响，从而达到高产优质的目的。

（4）后期管理：首先是孕穗期到成熟期浇好灌浆水；其次是预防病虫害，及时防治叶锈病和蚜虫等。对蚜虫用10%蚜虱净4～7克/亩，对叶锈病用20%粉锈宁1 200倍液或12.5%力克菌4 000倍液喷雾。防治及时可大大提高小麦千粒重；三是叶面喷肥，在小麦孕穗旗期和灌浆初期喷施光合微肥、磷酸二氢钾或FA旱地龙，可提高小麦后期叶片的光合作用，增加千粒重。

第八节　左云县耕地质量状况与仁用杏标准化生产的对策研究

栽植面积达 2 万亩，主要分布在三屯乡及云兴镇等一带，地势平坦，地质适中，园田化水平高，灌溉水基本保证。

从本次调查结知，仁用杏主产区的土壤理化性状为：

有机质含量 6.35～12.07 克/千克，平均 10.35 克/千克，属省四级水平；

全氮含量 0.365～0.765 克/千克，平均 0.61 克/千克，属省四级水平；

有效磷含量 3.1～4.85 毫克/千克，平均 4.25 毫克/千克，属省五级水平；

速效钾含量 62.3～91.5 毫克/千克，平均 81.568 毫克/千克，属省四级水平；

有效硫含量 30.25～52.38 毫克/千克，平均 47.12 毫克/千克，属省四水平。

微量元素含量铜、锌、铁、锰、硼皆属省四水平，钼属省五级水平，pH 为 8.08～8.38 平均 8.26，容重为 1.27 克/厘米^3。

第九节　左云县耕地质量状况与马铃薯标准化生产的对策研究

左云县马铃薯 2010 年种植面积达 6 万亩，主要分布在小京庄、云兴、张家场等乡。该区属温带大陆性季风气候，光热资源丰富，昼夜温差较大，地势平坦，土壤较肥沃，土层深厚，质地通透性好，年平均气温 7℃，≥10℃的积温在 2 381℃以上，降水量 443.3 毫米左右。2011 年，左云县把马铃薯的生产作为县里的主要产业之一，建立了 2 个万亩以上的马铃薯种薯园区，为左云县马铃薯的标准化生产提供的必要的良种支持。

一、马铃薯主产区耕地质量现状

耕地地力现状

从本次调查结知，马铃薯产区的土壤理化性状为：有机质含量平均值为 10.45 克/千克，属省四级水平；全氮含量平均值为 0.63 克/千克，属省四级水平；有效磷含量平均值为 4.35 毫克/千克，属省五级水平；速效钾含量平均值为 87 毫克/千克，属省四级水平；交换性钙 8.35 克/千克，属省三级水平；交换镁 0.53 克/千克，属省三级水平；微量元素含量铜属省二级水平，锌属省二级水平，铁、锰属省四级水平，硼属省三级水平。pH 为 8.09～8.48，平均值为 8.38。

二、左云马铃薯标准化生产技术规程

1. 范围　本标准规定了无公害食品马铃薯生产的术语和定义、产地环境、生产技术、病虫害防治、采收和生产档案。

本标准适用于无公害食品马铃薯的生产。

2. 规范性引用文件

GB 4285　农药安全使用标准

GB 4406　种薯

GB/T 8321（所有部分）　农药合理使用准则

GB 18133　马铃薯脱毒种薯

NY/T 496　肥料合理使用准则 通则

NY 5010　无公害食品　蔬菜产地环境条件

NY 5024　无公害食品　马铃薯

3. 术语和定义　下列术语和定义适用于本标准。

（1）脱毒种薯：经过一系列物理、化学、生物或其他技术措施处理，获得在病毒检测后未发现主要病毒的脱毒苗（薯）后，经脱毒种薯生产体系繁殖的符合 GB 18133 标准的各级种薯。

脱毒种薯分为基础种薯和合格种薯两类。基础种薯是经过脱毒苗（薯）繁殖、用于生产合格种薯的原原种和由原原种繁殖的原种。合格种薯是用于生产商品薯的种薯。

（2）休眠期：生产上指，在适宜条件下，块茎从收获到块茎幼芽自然萌发的时期。马铃薯块茎的休眠实际开始于形成块茎的时期。

4. 产地环境　产地环境条件应符合“NY 5010 无公害食品蔬菜产地环境条件”的规定。选择排灌方便、土层深厚、土壤结构疏松、中性或微酸性的砂壤土或壤土，并要求 3 年以上未重茬栽培马铃薯的地块。

5. 生产技术

（1）播种前准备

①品种与种薯。选用抗病、优质、丰产、抗逆性强、适应当地栽培条件、商品性好的各类专用品种。种薯质量应符合“GB 18133 马铃薯脱毒种薯”和“GB 4406 种薯”的要求。

②种薯催芽。播种前 15～30 天将冷藏或经物理、化学方法人工解除休眠的种薯置于 15～20℃、黑暗处平铺 2～3 层。当芽长至 0.5～1 厘米时，将种薯逐渐暴露在散射光下壮芽，每隔 5 天翻动 1 次。在催芽过程中淘汰病、烂薯和纤细芽薯。催芽时要避免阳光直射、雨淋和霜冻等。

③切块。提倡小整薯播种。播种时温度较高，湿度较大，雨水较多的地区，不宜切块。必要时，在播前 4～7 天，选择健康的、生理年龄适当的较大种薯切块。切块大小以 30～50 克为宜。每个切块带 1～2 个芽眼。切刀每使用 10 分钟后或在切到病、烂薯时，用 5%的高锰酸钾溶液或 75%酒精浸泡 1～2 分钟或擦洗消毒。切块后立即用含有多菌灵（约为种薯重量的 0.3%）或甲霜灵（约为种薯重量的 0.1%）的不含盐碱的植物草木灰或石膏粉拌种，并进行摊晾，使伤口愈合，勿堆积过厚，以防烂种。

④整地。深耕，耕作深度约 20～30 厘米。整地，使土壤颗粒大小合适。并根据当地的栽培条件、生态环境和气候情况进行作畦、作垄或平整土地。

⑤施基肥：按照“NY/T 496 肥料合理使用准则　通则”要求，根据土壤肥力，确定

相应施肥量和施肥方法。氮肥总用量的70%以上和大部分磷、钾肥料可基施。农家肥和化肥混合施用，提倡多施农家肥。农家肥结合耕翻整地施用，与耕层充分混匀，化肥做种肥，播种时开沟施。适当补充中、微量元素。每生产1 000千克薯块的马铃薯需肥量：氮肥（N）5～6千克，磷肥（P_2O_5）1～3千克，钾肥（K_2O）12～13千克。

（2）播种

①时间。根据气象条件、品种特性和市场需求选择适宜的播期。一般土壤深约10厘米处地温为7～22℃时适宜播种。

②深度：地温低而含水量高的土壤宜浅播，播种深度约5厘米；地温高而干燥的土壤宜深播，播种深度约10厘米。

③密度。不同的专用型品种要求不同的播种密度。一般早熟品种每公顷种植60 000～70 000株，中晚熟品种每公顷种植50 000～60 000株。

④方法：人工或机械播种。降水量少的干旱地区宜平作，降水量较多或有灌溉条件的地区宜垄作。播种季节地温较低或气候干燥时，宜采用地膜覆盖。

（3）田间管理：

①中耕除草。齐苗后及时中耕除草，封垄前进行最后一次中耕除草。

②追肥。视苗情追肥，追肥宜早不宜晚，宁少勿多。追肥方法可沟施、点施或叶面喷施，施后及时灌水或喷水。

③培土。一般结合中耕除草培土2～3次。出齐苗后进行第一次浅培土，显蕾期高培土，封垄前最后一次培土，培成宽而高的大垄。

④灌溉和排水。在整个生长期土壤含水量保持在60%～80%。出苗前不宜灌溉，块茎形成期及时适量浇水，块茎膨大期不能缺水。浇水时忌大水漫灌。在雨水较多的地区或季节，及时排水，田间不能有积水。收获前视气象情况7～10天停止灌水。

6. 病虫害防治

（1）防治原则：按照“预防为主，综合防治”的植保方针，坚持以“农业防治、物理防治、生物防治为主，化学防治为辅”的无害化治理原则。

（2）主要病虫害：主要病害为晚疫病、青枯病、病毒病、癌肿病、黑胫病、环腐病、早疫病、疮痂病等。主要虫害为蚜虫、蓟马、粉虱、金针虫、块茎蛾、地老虎、蛴螬、二十八星瓢虫、潜叶蝇等。

（3）农业防治：

①针对主要病虫控制对象，因地制宜选用抗（耐）病优良品种，使用健康的不带病毒、病菌、虫卵的种薯。

②合理品种布局，选择健康的土壤，实行轮作倒茬，与非茄科作物轮作3年以上。

③通过对设施、肥、水等栽培条件的严格管理和控制，促进马铃薯植株健康成长，抑制病虫害的发生。

④测土平衡施肥，增施磷、钾肥，增施充分腐熟的有机肥，适量施用化肥。

⑤合理密植，起垄种植，加强中耕除草、高培土、清洁田园等田间管理，降低病虫源数量。

⑥建立病虫害预警系统，以防为主，尽量少用农药和及时用药。

⑦及时发现中心病株并清除、远离深埋。

（4）生物防治：释放天敌，如捕食螨、寄生蜂、七星瓢虫等。保护天敌，创造有利于天敌生存的环境，选择对天敌杀伤力低的农药。利用350～750克/公顷的16 000IU/毫克苏云金杆菌可湿性粉剂1 000倍液防治鳞翅目幼虫。利用0.3%印楝乳油800倍液防治潜叶蝇、蓟马。利用0.38%苦参碱乳油300～500倍液防治蚜虫以及金针虫、地老虎、蛴螬等地下害虫，利用210～420克/公顷的72%农用硫酸链霉素可溶性粉剂4 000倍液，或3%中生菌素可湿性粉剂800～1 000倍液防治青枯病、黑胫病或软腐病等多种细菌病害。

（5）物理防治：露地栽培可采用杀虫灯以及性诱剂诱杀害虫。保护地栽培可采用防虫网或银灰膜避虫、黄板（柱）以及性诱剂诱杀害虫。

（6）药剂防治：

①农药施用严格执行GB 4285和GB/T 8321的规定。应对症下药，适期用药，更换使用不同的适用药剂，运用适当浓度与药量，合理混配药剂，并确保农药施用的安全间隔期。

②禁止施用高毒、剧毒、高残留农药：甲胺磷，甲基对硫磷，对硫磷，久效磷，磷胺，甲拌磷，甲基异柳磷，特丁硫磷，甲基硫环磷，治螟磷，内吸磷，克百威，涕灭威，灭线磷，硫环磷，蝇毒磷，地虫硫磷，氯唑磷，苯线磷等农药。

③主要病虫害防治。

A：晚疫病：在有利发病的低温高湿天气，用2.5～3.2千克/公顷的70%代森锰锌可湿性粉剂600倍液，或2.25～3千克/公顷的25%甲霜灵可湿性粉剂500～800倍稀释液，或1.8～2.25千克/公顷的58%甲霜灵锰锌可湿性粉剂800倍稀释液，喷施预防，每7天左右喷1次，连续3～7次。交替使用。

B. 青枯病：发病初期用210～420克/公顷的72%农用链霉素可溶性粉剂4 000倍液，或3%中生菌素可湿性粉剂800～1 000倍液，或2.25～3千克/公顷的77%氢氧化铜可湿性微粒粉剂400～500倍液灌根，隔10天灌1次，连续灌2～3次。

C. 环腐病：用50毫克/千克硫酸铜浸泡薯种10分钟。发病初期，用210～420克/公顷的72%农用链霉素可溶性粉剂4 000倍液，或3%中生菌素可湿性粉剂800～1 000倍液喷雾。

D. 早疫病：在发病初期，用2.25～3.75千克/公顷的75%百菌清可湿性粉剂500倍液，或2.25～3千克/公顷的77%氢氧化铜可湿性微粒粉剂400～500倍液喷雾，每隔7～10天喷1次，连续喷2～3次。

E. 蚜虫：发现蚜虫时防治，用375～600克/公顷的5%抗蚜威可湿性粉剂1 000～2 000倍液，或150～300克/公顷的10%吡虫啉可湿性粉剂2 000～4 000倍液，或150～375毫升/公顷的20%的氰戊菊酯乳油3 300～5 000倍液，或300～600毫升/公顷的10%氯氰菊酯乳油2 000～4 000倍液等药剂交替喷雾。

F. 蓟马：当发现蓟马危害时，应及时喷施药剂防治，可施用0.3%印楝素乳油800倍液，或150～375毫升/公顷的20%的氰戊菊酯乳油3 300～5 000倍液，或450～750毫升/公顷的10%氯氰菊酯乳油1 500～4 000倍液喷施。

G. 粉虱：于种群发生初期，虫口密度尚低时，用375～525毫升/公顷的10%氯氰菊酯乳油2 000～4 000倍液，或150～300克/公顷的10%吡虫啉可湿性粉剂2 000～4 000

倍液喷施。

H. 金针虫、地老虎、蛴螬等地下害虫：可施用0.38%苦参碱乳油500倍液，或750毫升/公顷的50%辛硫磷乳油1 000倍液，或950～1 900克/公顷的80%的敌百虫可湿性粉剂，用少量水溶化后和炒熟的棉籽饼或菜子饼70～100千克拌匀，于傍晚撒在幼苗根的附近地面上诱杀。

I. 马铃薯块茎蛾：对有虫的种薯，室温下用溴甲烷35克/米^{3}或二硫化碳7.5克/米^{3}熏蒸3个小时。在成虫盛发期可喷洒300～600毫升/公顷的2.5%高效氯氟氰菊酯乳油2 000倍液喷雾防治。

J. 二十八星瓢虫：发现成虫即开始喷药，用225～450毫升/公顷的20%的氰戊菊酯乳油3 000～4 500倍液，或2.25千克/公顷的80%的敌百虫可湿性粉剂500～800倍稀释液喷杀，每10天喷药1次，在植株生长期连续喷药3次，注意叶背和叶面均匀喷药，以便把孵化的幼虫全部杀死。

K. 螨虫：用750～1 050毫升/公顷的73%炔螨特乳油2 000～3 000倍稀释液，或0.9%阿维菌素乳油4 000～6 000倍稀释液，或施用其他杀螨剂，5～10天喷药1次，连喷3～5次。喷药重点在植株幼嫩的叶背和茎的顶尖。

L. 本标准规定以外其他药剂的选用，应符合本标准第6.6.1条的规定。

7. 采收　根据生长情况与市场需求及时采收。采收前若植株未自然枯死，可提前7～10天杀秧。收获后，块茎避免暴晒、雨淋、霜冻和长时间暴露在阳光下而变绿。产品质量应符合“NY 5024　无公害食品　马铃薯”的要求。

8. 生产档案

（1）建立田间生产技术档案。

（2）对生产技术、病虫害防治和采收各环节所采取的主要措施进行详细记录。

三、马铃薯主产区存在的问题

1. 土壤有机质含量偏低　生产中存在的主要问题是有机肥施用量少，甚至不施。

2. 钾肥施用量不足　多数农民对钾肥的重要性认识不足，钾肥施用量低，甚至不施。

3. 化肥用量不合理　偏施氮肥，且用量大，磷用量不合理，养分不均衡，降低了养分的有效性。

四、马铃薯实施标准化生产的施肥

（1）产量水平1 000千克以下：马铃薯产量在1 000千克/亩以下的地块，氮肥用量推荐为4～5千克/亩，磷肥（P_2O_5）3～5千克/亩，钾肥（K_2O）1～2千克/亩。亩施农家肥1 000千克以上。

（2）产量水平1 000～1 500千克：马铃薯产量在1 000～1 500千克/亩的地块，氮肥用量推荐为5～7千克/亩，磷肥（P_2O_5）5～6千克/亩，钾肥（K_2O）2～3千克/亩。亩施农家肥1 000千克以上。

（3）产量水平 1 500～2 000 千克：马铃薯产量在 1 500～2 000 千克/亩的地块，氮肥用量推荐为 7～8 千克/亩，磷肥（P_2O_5）6～7 千克/亩，钾肥（K_2O）3～4 千克/亩。亩施农家肥 1 000 千克以上。

（4）产量水平 2 000 千克以上：马铃薯产量在 2 000 千克/亩以上的地块，氮肥用量推荐为 8～10 千克/亩，磷肥（P_2O_5）7～8 千克/亩，钾肥（K_2O）4～5 千克/亩。亩施农家肥 700 千克以上。

马铃薯基肥、种肥和追肥施用方法：

（1）基肥：有机肥、钾肥、大部分磷肥和氮肥都应作基肥，磷肥最好和有机肥混合沤制后施用。基肥可以在秋季或春季结合耕地沟施或撒施。

（2）种肥：马铃薯每亩用 3 千克尿素、5 千克普钙混合 100 千克有机肥，播种时条施或穴施于薯块旁，有较好的增产效果。

（3）追肥：马铃薯一般在开花以前进行追肥，早熟品种应提前施用。开花以后不宜追施氮肥，以免造成茎叶徒长，影响养分向块茎的输送，造成减产。可根外喷洒磷钾肥。

第十节　莜麦的施肥方案

一、莜麦的施肥配方

（1）产量水平 50～75 千克：莜麦产量在 50～75 千克/亩的地块，氮肥用量推荐为 3～3.5 千克/亩，磷肥（P_2O_5）1～2 千克/亩，亩施农家肥 1 000 千克以上。

（2）产量水平 75～100 千克：莜麦产量在 75～100 千克/亩的地块，氮肥用量推荐为 3.5～4.5 千克/亩，磷肥（P_2O_5）2～3 千克/亩，亩施农家肥 1 000 千克以上。

（3）产量水平 100～150 千克：莜麦产量在 100～150 千克/亩的地块，氮肥用量推荐为 4.5～5.5 千克/亩，磷肥（P_2O_5）4.5～6 千克/亩，亩施农家肥 1 500 千克以上。

二、莜麦的施肥方法

1. 基肥　基肥是莜麦全生育期养分的源泉，是提高莜麦产量的基础，因此莜麦都应重视基肥的施用，特别是旱地莜麦，有机肥、磷肥和氮肥以作基肥为主。基肥应在播种前一次施入田间，春旱严重、气温回升迟而慢、保苗困难的区域最好在头年结合秋深耕施基肥，效果更好。

2. 种肥　莜麦籽粒是禾谷类作物中最小的，胚乳储藏的养分较少，苗期根系弱，很容易在苗期出现营养缺乏症，特别是晋北区莜麦苗期，磷素营养更易因地温低、有效磷释放慢且少而影响莜麦的正常生长，因此每亩用 0.5～1.0 千克 P_2O_5 和 1.0 千克纯氮作种肥，可以收到明显的增产效果。种肥最好先用耧施入，然后再播种。

3. 追肥　莜麦的拔节孕穗期是养分需要较多的时期，条件适宜的地方可结合中耕培土用氮肥总量的 20%～30%进行追肥。

图书在版编目（CIP）数据

左云县耕地地力评价与利用 / 刘宝主编 .—北京：
中国农业出版社，2013.12
ISBN 978-7-109-18535-7

Ⅰ.①左… Ⅱ.①刘… Ⅲ.①耕作土壤－土壤肥力－土壤调查－左云县②耕作土壤－土壤评价－左云县 Ⅳ.①S159.225.4②S158

中国版本图书馆 CIP 数据核字（2013）第 259465 号

中国农业出版社出版
（北京市朝阳区麦子店街 18 号楼）
（邮政编码 100125）
责任编辑 杨桂华

中国农业出版社印刷厂印刷 新华书店北京发行所发行
2015 年 8 月第 1 版 2015 年 8 月北京第 1 次印刷

开本：787mm×1092mm 1/16 印张：10.75 插页：1
字数：250 千字
定价：80.00 元
（凡本版图书出现印刷、装订错误，请向出版社发行部调换）

左云县耕地地力等级图

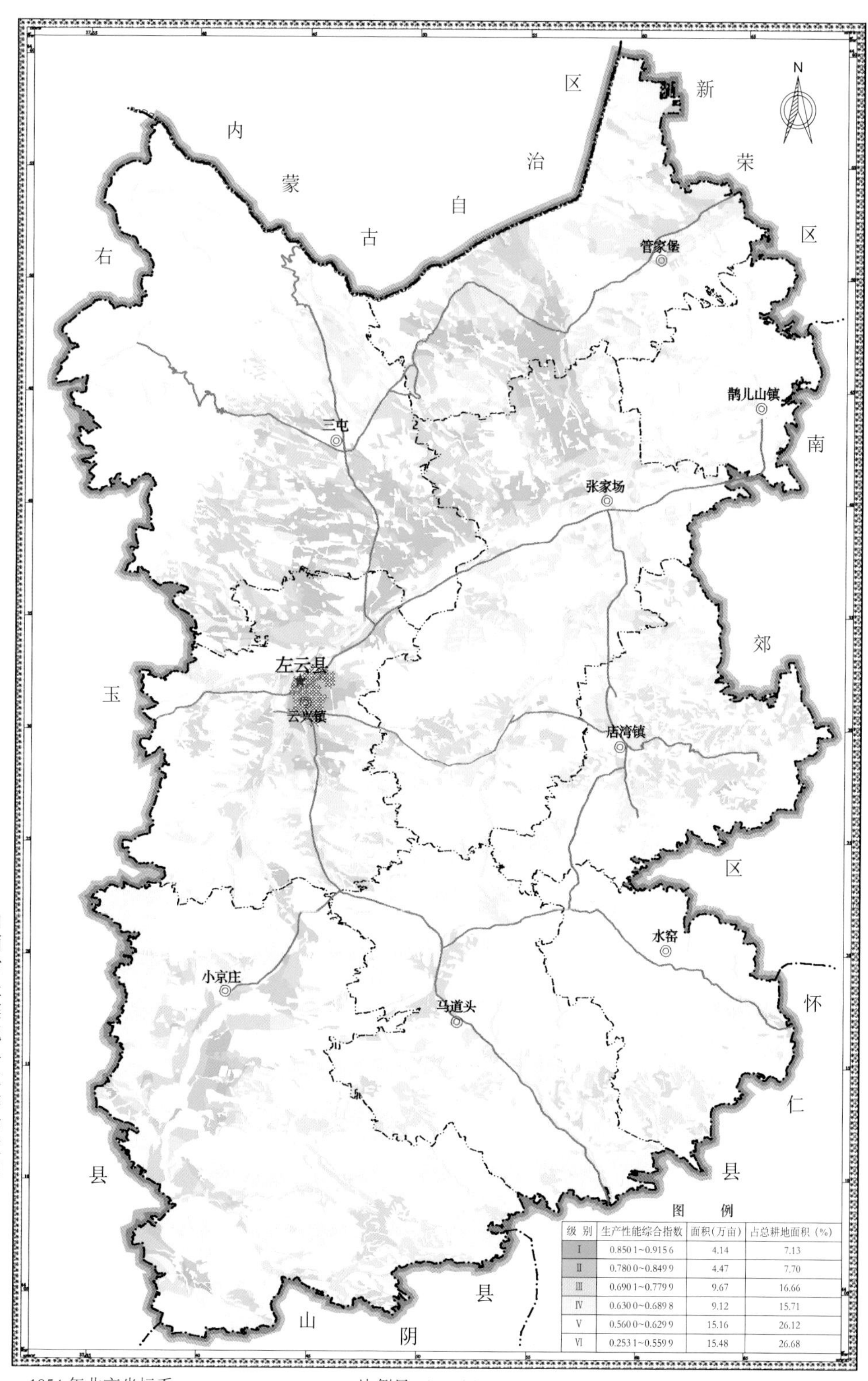

级 别	生产性能综合指数	面积(万亩)	占总耕地面积(%)
Ⅰ	0.850 1~0.915 6	4.14	7.13
Ⅱ	0.780 0~0.849 9	4.47	7.70
Ⅲ	0.690 1~0.779 9	9.67	16.66
Ⅳ	0.630 0~0.689 8	9.12	15.71
Ⅴ	0.560 0~0.629 9	15.16	26.12
Ⅵ	0.253 1~0.559 9	15.48	26.68

山西省土壤肥料工作站监制
山西农业大学资源环境学院承制 二〇一一年十一月

1954年北京坐标系
1956年黄海高程系
高斯—克吕格投影

比例尺 1 : 250 000

左云县中低产田分布图

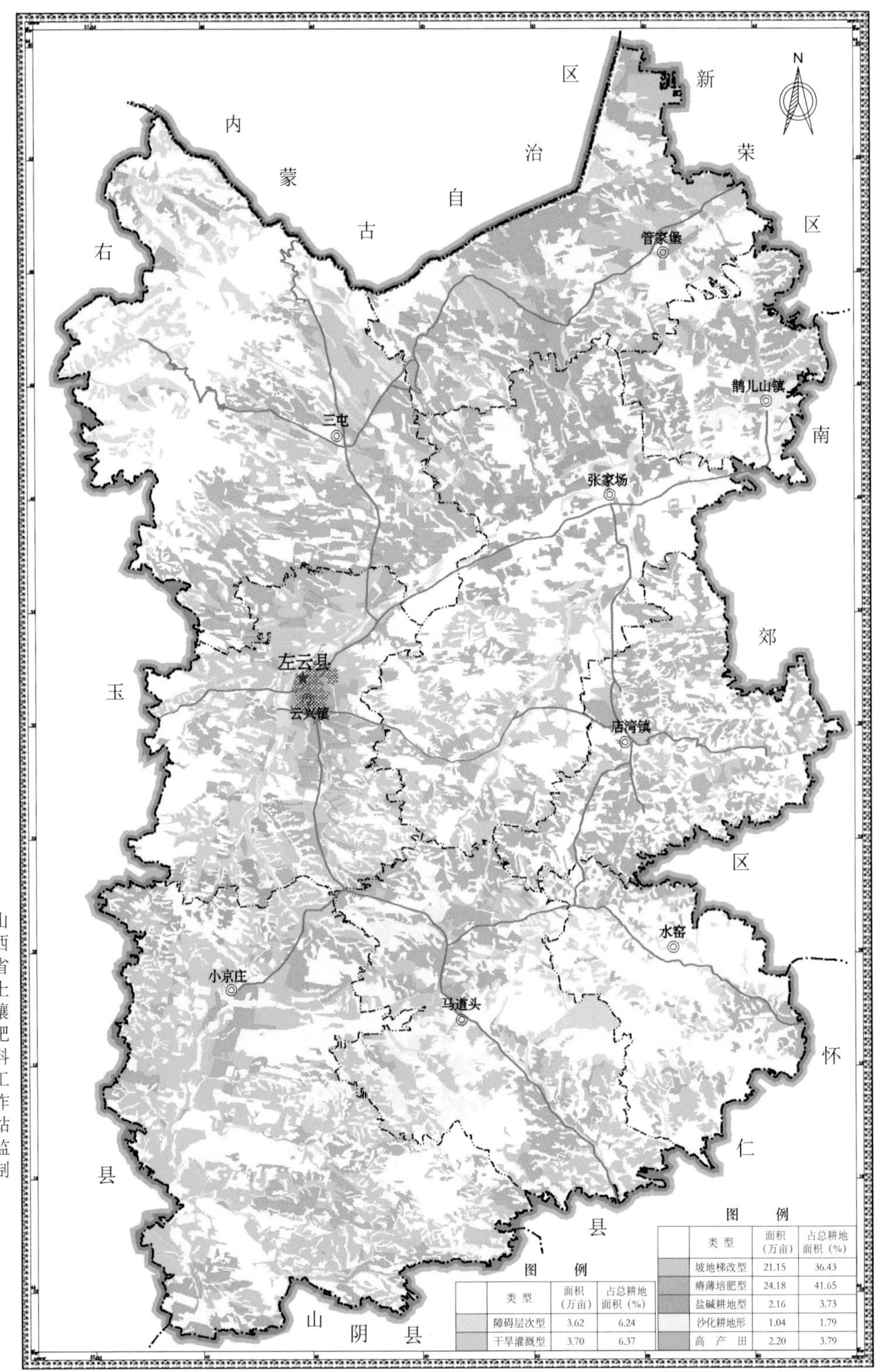

图　例

类型	面积（万亩）	占总耕地面积（%）
障碍层次型	3.62	6.24
干旱灌溉型	3.70	6.37

图　例

类型	面积（万亩）	占总耕地面积（%）
坡地梯改型	21.15	36.43
瘠薄培肥型	24.18	41.65
盐碱耕地型	2.16	3.73
沙化耕地形	1.04	1.79
高产田	2.20	3.79

山西省土壤肥料工作站监制
山西农业大学资源环境学院承制　二〇一一年十一月

1954 年北京坐标系
1956 年黄海高程系
高斯—克吕格投影

比例尺 1 ∶ 250 000